地区电网
典型故障处置案例

国网浙江省电力有限公司衢州供电公司　编

中国电力出版社
CHINA ELECTRIC POWER PRESS

内 容 提 要

为了分析、归纳和总结地区电网故障发生的规律和特征，提升和规范安全生产管理，国网浙江省电力有限公司衢州供电公司编写了《地区电网典型故障处置案例》，分类讨论近年来发生的地区电网典型故障，并给出相应防范措施，供电网运行人员学习和借鉴。

图书在版编目（CIP）数据

地区电网典型故障处置案例 / 国网浙江省电力有限公司衢州供电公司编 . —北京：中国电力出版社，2020.12
　ISBN 978-7-5198-5094-4

Ⅰ. ①地…　Ⅱ. ①国…　Ⅲ. ①地区电网–故障–案例　Ⅳ. ①TM7

中国版本图书馆 CIP 数据核字（2020）第 228032 号

出版发行：中国电力出版社
地　　址：北京市东城区北京站西街 19 号（邮政编码 100005）
网　　址：http://www.cepp.sgcc.com.cn
责任编辑：陈　倩（010-63412512）　马雪倩
责任校对：黄　蓓　马　宁
装帧设计：郝晓燕
责任印制：石　雷

印　　刷：北京天宇星印刷厂
版　　次：2020 年 12 月第一版
印　　次：2020 年 12 月北京第一次印刷
开　　本：710 毫米×1000 毫米　16 开本
印　　张：10.75
字　　数：189 千字
印　　数：0001—2000 册
定　　价：48.00 元

编 委 会

前　言

近年来，由于电网规模不断扩大，电网运行设备在数量和种类上大幅度增加。新设备、新技术极大地促进了电网从自动化向智能化方向转变，电网运行也逐步出现了新问题，导致电网故障和设备异常情况的多样性和复杂性，增加了调度和运维人员处理电网故障的难度，给电网安全稳定运行带来了诸多潜在的不确定风险。

从电力系统现阶段的发展趋势来看，智能化变电站的普及，厂站二次系统逐步向抽象化和网络化发展，伴随着更加复杂的保护自动化装置的配置，对设备运维、故障研判、隐患排查的准确性都提出了更高的要求。

本书以地区典型电网故障案例为切入点，按照故障类型进行归纳总结和分类分析，从自然灾害引发的电网故障、一次设备故障引起的电网故障、二次设备异常引起的电网故障、电厂及大用户故障和人员责任事故及故障等方面精选案例，供电网运行人员学习和借鉴。

本书如有不妥之处，敬请读者批评指正。

编　者
2020 年 9 月

目 录

第一章　自然灾害引发的电网故障

　　早在 2008 年，我国遭遇罕见特大冰冻雪灾和地灾害，大量输电线路和其他电力设施遭到严重毁坏，电力通道遭受严重破坏，造成电网瓦解、供电中断，对维持社会生产运转产生极大的影响。

　　近年来，电力企业加强了对自然灾害风险的防控工作，有效地保障了电力设备的安全运行。但局部自然灾害对电网的冲击依然存在，本章列举了几种典型的自然灾害对电网的影响，供读者参考。

案例 1：110kV 线路山火跳闸，造成变电站全停

一、故障前运行方式

　　F 变电站是 110kV 常规变电站，完整内桥接线，一主一备运行方式，当天 CF 线停电检修，F 变电站接线示意图如图 1-1 所示。

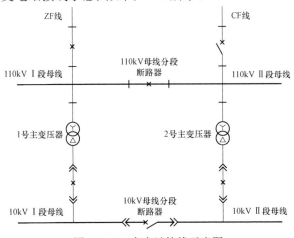

图 1-1　F 变电站接线示意图

二、故障及处置经过

某年 2 月 18 日 13:31，对侧 220kV Z 变电站 110kV ZF 线保护动作，断路器跳闸，重合失败，110kV F 变电站全所失压，损失负荷 35MW。当时天气：晴，大风。

（1）13:20 输电运检室报地调 ZF 线 20～23 号塔之间有山火，山火距离线路 100m 左右，现场火势较大，风向正朝着线路方向，且风较大，要求立即拉停线路。

（2）由于 F 变电站另一回线路 CF 检修，拉停 ZF 线将造成全所失压，地调立即通知县调将 F 变电站 10kV 线路负荷转移至其他变电站供电。

（3）13:31 监控系统显示 220kV Z 变电站 110kV ZF 线保护动作，断路器跳闸，重合闸动作，重合失败，F 变电站全所失压。

（4）地调正令监控拉开 F 变电站 ZF 线开关，告知输电运检室 ZF 线已跳闸，并询问现场火势情况，现场告知火已烧至线路正下方，还未烧过去，目前线路不具备恢复运行条件。

（5）地调告知县调 F 变电站已全站失压，县调按相关应急管控预案自行安排 10kV 负荷。

（6）14:25 现场确认火已扑灭，检查 ZF 线 A、B 相间有放电痕迹，暂不影响运行，地调即恢复 ZF 线运行，告知县调，恢复 F 变电站正常运行方式，10kV 负荷可转移回原线路供电。

三、故障原因及分析

故障原因是由于冬季天气干燥，且有大风，山火等级高，村民未注意山林防火引起山火，最终导致线路跳闸。

四、启示

（1）加强山火高发线路走廊的巡查力度，特别是冬季天气干燥且有大风的情况，同时要加强传统节日期间对防山火的宣传力度。

（2）做好设备停役期间的相关应急管控预案。

案例 2：110kV 线路覆冰，造成变电站紧急限电

一、故障前运行方式

G 变电站是 110kV 常规变电站，完整内桥接线，一主一备运行方式，当天

HG 线停电检修。G 变电站接线示意图如图 1－2 所示。

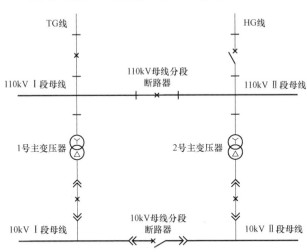

图 1－2　G 变电站接线示意图

二、故障及处置经过

（1）某年 1 月 9 日 09:45，输电运检室告地调 TG 线路覆冰严重，要求将线路紧急停运进行直流融冰工作。

（2）由于 G 变电站另一回线路检修，拉停 TG 线将造成全站失压，地调立即通知县调将 G 变电站 10kV 线路负荷转移至其他变电站。由于 G 变电站 10kV 负荷过大，无法全部转移，县调采取限电措施，限电 8MW。

（3）10:15 县调负荷转移后，地调将 TG 线两侧改检修，许可现场进行线路两侧直流融冰装置的搭接工作，并开展直流融冰工作。

（4）12:40 现场汇报直流融冰工作结束，线路可恢复运行，地调恢复 TG 线路运行，告知县调，恢复 G 变电站正常运行方式，10kV 负荷可转移回原线路送电。

三、故障原因及分析

故障是由于冬季天气寒冷，部分山区线路覆冰严重，需立即停运开展直流融冰，否则有倒杆危险。

四、启示

（1）应加强冬季线路巡查，及时采取融冰措施，并确保融冰设备备用状态正常，随时具备投运条件。

（2）做好设备停役期间的相关应急管控预案。

案例3：泥石流造成线路倒杆，导致变电站全停

一、故障前运行方式

S 变电站是 110kV 常规变电站，完整内桥接线，全分列运行方式，S 变电站接线示意图如图 1-3 所示。

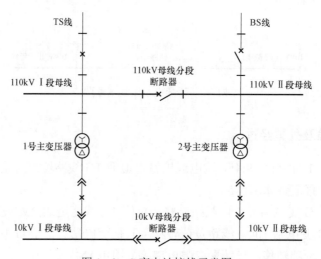

图 1-3　S 变电站接线示意图

二、故障及处置经过

（1）某年 7 月 5 日 15:34，对侧 220kV T 变电站 110kV TS 线、BS 线保护动作，断路器跳闸，重合失败，110kV S 变电站全站失压，损失负荷 43MW。当时天气：雷雨。

（2）15:35 地调结合天气情况，立即拉开 S 变电站 TS 线、BS 线断路器，在 T 变电站分别进行 TS 线、BS 线强送一次，强送失败；拉开 S 变电站 1、2 号主变压器 10kV 断路器。

（3）15:38 告县调 S 变电站全站失压，10kV 负荷由县调自行安排，S 变电站 1、2 号主变压器 10kV 断路器已拉开。

三、故障原因及分析

故障原因是由于大雨引起泥石流，造成 S 变电站双回进线 TS 线、BS 线同杆的 10 号塔倒杆，引起双回线路跳闸。

四、启示

（1）应加强梅雨季节线路巡查，确保线路走廊危险点早发现、早处理。

（2）提高各单位恶劣天气情况下的风险意识。加强培训力度，做好相关事故应急演练，提高应急处置能力。

案例 4：10kV 线路因暴雨故障跳闸

一、故障前运行方式

110kV H 变电站处于正常运行方式，10kV E809 线路为公用线路，该线路主供区域均为山区，事故前 E809 线路所供区域已连续多天暴雨导致山洪暴发，可能存在泥石流及塌方危险。

二、故障及处置经过

某年 8 月 4 日 22 时，110kV H 变电站 10kV E809 线路过流 II 段保护动作，断路器跳闸，重合闸失败；22:02，县调调控当值通知供电所运维人员组织查线，23:15 运维人员汇报对 10kV E809 线路 22 号杆前段开展巡视查无异常，现已拉开 E809 线路 22 号杆分段断路器要求试送主线，23:17 110kV H 变电站 10kV E809 线路改运行操作完毕试送成功，同时告运维人员对 E809 线路 22 号杆继续组织查线，运维人员告县调因暴雨线路山区部分可能存在山洪及泥石流，不具备巡视条件，改为白天天气状况好转再行组织巡线。

某年 8 月 5 日 10:16，供电所运维人员汇报 E809 线路 22 号杆后段多点因山洪及泥石流导致线路倒杆，已安排线路抢修。

某年 8 月 5 日 18:35，供电所运维人员汇报 E809 线路 22 号杆后段抢修工作全部结束，工作人员全部撤离，现场接地线全部拆除，相位未变具备送电条件；18:40 许可供电所运维人员合上 E809 线路 22 号杆分段断路器操作完毕后情况正常。

三、故障原因及分析

110kV H 变电站 E809 线路因山洪泥石流导致多处线路倒杆引起保护动作跳闸、重合失败，变电站侧保护动作信号正确。

四、启示

本次事故暴露出的主要问题及防范措施：

（1）山区供电线路状况较差，在发生山洪及泥石流天气时极易导致线路倒杆、导线断线等故障（见图 1-4），当值调控员需结合当前天气情况及线路巡视汇报情况安排试送，针对山区线路状况较复杂情况，不建议开展线路强送。

（2）调控员在处理同类型故障时需听取现场人员反馈意见，对因恶劣天气及山区线路通道情况不明导致无法正常巡视的情况，必须严格执行《国家电网公司电力安全工作规程》规定停止相关故障查找及抢修工作，确保人身安全。

（3）供电所需加强对山区线路通道维护，对易发生山洪泥石流、塌方等地段要开展线路迁改。

110kV 某变电站 E809 线　　　　　　E809 线 22 号杆断路器

图 1-4　22 号杆后段多处倒杆

案例 5：110kV 变电站围墙外火灾引起多条 10kV 线路停电

一、故障前运行方式

110kV D 变电站处于正常运行方式，10kV Ⅰ、Ⅱ 段母线分列运行，因天气炎热，该变电站围墙外有处垃圾堆发生自燃。

二、故障及处置经过

某年 9 月 5 日 15:12，110kV D 变电站 10kV E213 线路过流 Ⅰ 段保护动作，断路器跳闸重合失败；当值调控员通知供电所派人现场检查。

15:28，供电所运维人员汇报 E213 线路 2 号杆附近垃圾堆发生自燃，并引发附近杂草着火，火势蔓延至变电站围墙附近，变电站围墙外有 8 条 10kV 线路极易引发除 E213 线路外的另 7 条 10kV 线路连锁跳闸。消防队及时抵达现场，为确保尽快灭火，要求拉开该变电站 7 条 10kV 线路断路器。15:36 变电站拉开 7 条 10kV 线路断路器操作完毕，与供电所确认火灾现场 10kV 线路均已拉停后开始灭火作业。同时说明，8 条已停电线路在热备用状态。县调将变电站因变电站围墙外火灾紧急拉停 10kV 线路情况一事汇报地调、公司分管领导及相关部门负责人。

15:48，许可供电所恢复部分线路用电。

16:33，变电操作班抵达变电站现场，汇报变电站内设备巡查无异常。

18:45，供电所汇报现场火灾已扑灭，除 E213 线路外，其他 7 条 10kV 线路均可恢复送电。

19:25，除 E213 线路外，其他 7 条 10kV 线路均已恢复送电。

23:02，E213 线路故障处理完毕，恢复送电。

三、故障原因及分析

某 110kV 变电站 10kV E213 线路因火灾引起保护动作跳闸、重合失败，变电站侧保护动作信号正确；因火灾向变电站围墙外蔓延导致其他 7 条 10kV 线路被迫拉停。

四、启示

本次事故暴露出的主要问题及防范措施：

（1）天气干燥炎热极易引发火灾，该变电站围墙外 60m 处垃圾堆自燃引起大面积火灾并威胁到变电站，供电所在日常巡视工作中没有发现该火灾隐患导致事故发生。

（2）调控员在处理同类型故障时需听取现场人员反馈意见，对需要紧急拉停线路及时安排拉停，确保消防队组织灭火。

（3）根据 10kV 线路联络关系，安排线路停电转移负荷冷倒，确保部分用户用电恢复。

（4）调控当值在处理火灾等紧急情况下停电操作，需具备电气联络人资格的人员电话汇报，对不具备汇报资格人员或对设备不熟悉人员，需谨慎处理，以防扩大停电范围。

案例 6：强对流天气引起小水电专线故障跳闸

一、故障前运行方式

110kV A 变电站正常运行方式，AB 线路为水电站 B 专线，并网容量 20MW，当前处于汛期电站满发，且因防洪需求需不间断保供电。

二、故障及处置经过

14 时，AB 线路所供电站地域强对流天气，持续雷暴，14:05 110kV A 变电站 AB 线路过流 I 段保护动作，断路器跳闸，重合闸未动；14:08，B 水电站汇报 AB 线路失压、发电机组解列，AB 线路进线断路器未动作。县调当值在检查线路保护动作情况，决定对 A 变电站 AB 线路强送一次，14:10 AB 线路试送成功，同时告 B 变电站线路强送成功。线路在运行状态，要求组织线路巡视，14:12 汇报地调 110kV A 变电站 AB 线路强送成功，B 水电站发电机组可以并网。

15:12，操作班运维人员到 110kV A 变电站 AB 线路间隔现场检查，AB 线路过流 I 段保护动作，断路器跳闸，重合闸未启动。

16:25 B 水电站值班员汇报线路巡视无异常，线路跳闸原因为雷击过电压引起。

16:30，保护班对 B 水电站现场检查，35kV 失压解列未启动，35kV 进线断路器在合闸状态；电站发电机高频保护动作跳开发电机并网。

三、故障原因及分析

110kV A 变电站 AB 线路因雷击引起保护动作跳闸，B 水电站侧 35kV 失压解列装置失灵未正确动作，未跳 B 水电站侧 AB 线路进线断路器，发电机瞬间飞车导致 B 水电站侧高频高压，B 水电站侧发电机高频保护动作正确跳并网断路器，110kV A 变电站 AB 线路重合闸（检无压）因线路有残压导致重合闸未启动。

四、启示

本次事故暴露出的主要问题及防范措施：

（1）用户变电站侧保护装置长期未开展检修试验，保护装置设备缺陷或故障无法正确动作导致变电站侧线路保护未完整动作。

（2）调控员在处理同类型故障时需根据故障情况决定对线路强送或试送。

（3）要求用户侧设备定期开展检修试验工作，并提供检修试验报告，确保用户侧设备可靠运行。

案例7：高温引起内桥接线主变压器高压侧隔离开关过热

一、故障前运行方式

110kV A 变电站为典型内桥接线，故障前由 L2 线路主送，L1 线路热备用（见图 1-5）。

二、故障及处置经过

运维人员在现场目测并通过红外测温仪发现 1 号主变压器 110kV 主变压器隔离开关过热，实测温度达到 125℃，需要立即处理，并汇报地调。

地调立即通过下接电站开机，转移部分负荷至 2 号主变压器等方法，降低通过 1 号主变压器 110kV 主变压器隔离开关的电流。

地调通知县调将全所负荷倒至 2 号主变压器送，由于 2 号主变压器容量限制，提前转移部分负荷。

地调发令将 110kV Ⅱ段故障解列装置改跳闸，110kV Ⅰ段故障解列装置改信号；拉开 110kV 母线分段断路器，在无电情况下拉开 1 号主变压器 110kV 主变压器隔离开关。

根据现场安全措施要求，隔离开关需要检修，地调发令将 110kV Ⅰ段母线和 1 号主变压器改检修处理。

三、故障原因及分析

夏季持续高温高负荷，且 1 号主变压器 110kV 主变压器隔离开关锈蚀造成接触电阻增大，引起隔离开关过热。

四、启示

（1）高温情况下，加强对输变电设备的巡视力度，特别是重视对主变压器油温、设备测温等巡视工作。

（2）设备过热的情况下，由于隔离开关动静触头、引线接头接触不良，造成接触电阻偏大，在高负荷或长时间运行时，比较容易出现发热情况。

（3）当设备发热可能危及电网或设备安全运行时，应采取最快、最有效的措施来处理，先进行拉限电，然后再考虑其他方式控制负荷，如通过调节水电机组出力或转移负荷。

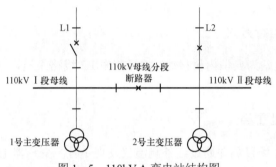

图 1-5　110kV A 变电站结构图

案例 8：变电站进水紧急转移负荷

一、故障前运行方式

110kV C 变电站地处山区，事故前总负荷 50MW。

二、故障及处置经过

2020 年梅雨季，变电人员巡视发现 110kV C 变电站积水严重，受持续降雨影响，水位有继续上涨趋势。

地调根据现场汇报情况，根据公司防汛应急响应要求，立即汇报公司防汛指挥部。

根据要求，通知县调准备转移 110kV C 变电站下接负荷，并开具调度倒闸操作票，具备远方操作条件的，采取远方操作，规避现场操作风险。

公司营销部门做好与相关用户的沟通，告知可能的停电风险。

公司运检部调配排水设施，开展排水工作，确保水位有序下降。

待积水排除后，根据气象条件，有序将 110kV C 变电站下接负荷倒回。

三、故障原因及分析

梅雨季持续高降水量，变电站地势低洼，排水系统效果有限，引起积水严重，影响变电站安全运行。

四、启示

（1）汛期加强与气象部门的信息分享，建立灾害天气预警机制，做好应急值班工作。

（2）运维部门加强对汛期地势低洼输变电设备的重点巡视和维护，发现隐患立即汇报，由公司应急部门统一组织处理。

（3）汛期等灾害天气下，为保障操作安全，尽量考虑使用远方操作，规避现场操作风险，最大限度保障人身安全。

（4）做好与用户的沟通，提前告知可能的停电风险，保障用户用电安全。

第二章 一次设备故障引起的电网故障

电力系统一次设备是构成电力系统的主体，是直接生产、输送和分配电能的设备，其包括发电机、电力变压器、断路器、隔离开关、母线、输电线路和电缆等。

一次设备发生故障将对电网稳定性运行造成直接冲击，并影响用户的稳定供电，是需要重点关注和研究的课题。本章列举了几种典型的一次设备故障及处置思路，供读者参考。

第一节 母 线 故 障

案例 1：220kV H 变电站 220kV 副母线
第一、二套母线差动保护动作

一、故障前运行方式

H 变电站是 220kV 常规变电站，220kV 系统为双母线接线方式，接线示意图如图 2-1 所示。

二、故障及处置经过

某年 11 月 23 日 14:24，H 变电站 220kV 副母线第一、二套母线差动保护动作，220kV 副母线上所有断路器跳闸，220kV 副母线失压。当时天气：晴，大风。

（1）监控系统显示"H 变电站 220kV 副母线 WMH-800 母线差动、BP-2B 母线差动保护动作事故信号""H 变电站 220kV 副母线差动 WMH-800 差动保护出口""H 变电站 220kV 副母线差动 BP-2B 差动保护出口"，主接线图 220kV 副母线上所接断路器分闸闪烁，220kV 副母失压。

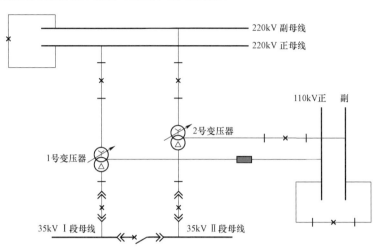

图 2-1　H 变电站接线示意图

（2）检查 220kV 副母线支柱绝缘子上放电痕迹，220kV 副母线保护一屏 WMH-800 母线差动保护装置母线差动保护动作灯亮，保护装置液晶显示报文与后台报文相符，220kV 副母线保护二屏 BP-2B 母线差动保护装置母线差保护动作灯亮，保护装置液晶显示报文与后台报文相符，检查站内其他一、二次设备运行正常。

（3）220kV 副母线差动 WMH-800 保护装置报告：差动保护出口。220kV 副母线差动 BP-2B 保护装置报告：差动保护出口。故障录波报告：电压突变量启动、电流突变量启动。故障相别 C 相。

（4）现场确认 220kV 副母线可恢复运行，汇报省调，省调恢复 220kV 副母线运行，后续恢复 H 变电站正常运行方式。

三、故障原因及分析

故障是由于大风天气下，将变电站周围的塑料薄膜刮起，掉落至 220 副母线上，导致母线差动保护动作。

四、启示

（1）加强变电站周边季节性巡查力度，及早发现隐患，重点时段，对重点区域进行重点监控，必要时协助农民进行大棚加固或采取蹲守等防范措施。及早治理，防微杜渐，做到隐患的可控、在控。

（2）及时对变电站附近影响变电站安全运行的垃圾进行清理。对可能引起漂浮物的场所加强宣传，引起当地人们对线路安全防护的重视，防止塑料带等漂浮物影响变电站安全运行。

案例 2：110kV M 变电站 110kV 母线分段断路器 到 TA 之间故障，造成全站失压

一、故障前运行方式

M 变电站是 110kV 常规变电站，完整内桥接线，一主一备运行方式，接线示意图如图 2-2 所示。

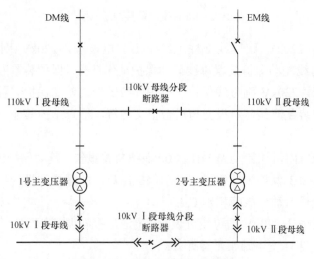

图 2-2　M 变电站接线示意图

二、故障及处置经过

某年 8 月 11 日 16:37，M 变电站 1 号主变压器差动保护动作，DM 线、110kV 母线分段、1 号主变压器 10kV 断路器跳闸；110kV 备自投装置动作，合 EM 线断路器，EM 线对侧断路器跳闸，造成 M 变电站全所失压，损失负荷 33.6MW。从保护装置中获得相关动作时序。

（1）16:37:35:450，1 号主变压器差动保护动作，跳开 DM 线断路器、110kV

母线分段断路器、1 号主变压器 10kV 断路器。

（2）16:37:40:500，110kV 备自投装置动作，合 EM 线断路器。

（3）16:37:42:50，10kV 母分备自投装置动作，合 10kV 母线分段断路器。

（4）16:37:43:200，EM 线对侧断路器接地距离Ⅲ段保护动作，断路器跳闸，重合失败，故障切除。

处置经过：拉开 2 号主变压器 10kV 断路器，10kV 母线分段断路器，通过 10kV 联络线分别送 10kV Ⅰ、Ⅱ段母线及下接负荷。

三、故障原因及分析

（1）1 号主变压器差动保护动作及 110、10kV 备自投装置动作原因。故障点在 110kV 母线分段断路器到电流互感器之间，属于母线故障，但 M 变电站无 110kV 母线差动保护。因此，由 1 号主变压器差动保护动作来切除故障。1 号主变压器差动保护动作跳开 DM 线断路器、110kV 母线分段断路器、1 号主变压器 10kV 断路器后，满足 110kV 备自投装置动作条件，经 5s 延时后，备自投装置动作，合上 EM 线断路器。M 变电站由 EM 线送电，满足 10kV 备自投装置动作条件，再经 1.5s 延时后，备自投装置动作，合上 10kV 母线分段断路器。

（2）EM 线对侧断路器保护动作原因。M 变电站由 EM 线送电后，故障点仍然存在，对侧 220kV 站送端 EM 线断路器感受到故障电流，故障在接地距离Ⅲ段保护范围内，经 2.6s，送端 EM 线断路器跳闸，M 变电站全站失压。

四、启示

（1）加强设备维护，提高设备健康水平。

（2）完善设备继电保护，尽可能消除保护死区。

案例 3：35kV N 变电站 10kV 母线 TV 回路谐振，造成母线 TV 损坏

一、故障前运行方式

N 变电站是 35kV 常规站，PN 线带 1、2 号主变压器运行，QN 线热备用（投备自投），35kV 母线分段断路器合位，1、2 号主变压器 10kV 断路器带母线运行，接线示意图如图 2-3 所示。

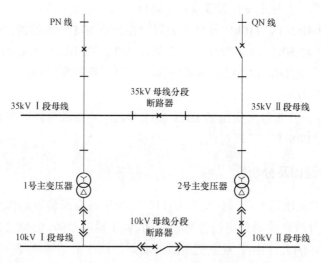

图 2-3 N 变电站接线示意图

二、故障及处置经过

某年 6 月 23 日 03:36:31，N 变电站发"10kV Ⅰ段母线接地动作"及复归信号（先后共 6 次）。

03:36:35，N 变电站 10kV Ⅰ段母线电压显示 A 相电压越上限 11.9kV，B 相电压越上限 7.88kV，C 相电压越上限 11.9kV，母线电压越下限 9.894kV，同时接地选线报 53A3 线路接地动作。

03:36:36，N 变电站 10kV Ⅰ段母线各出线报电压互感器电压回路断线信号。

03:38:00，N 变电站 10kV Ⅰ段母线 A 相电压回零。

03:38:06，N 变电站 1 号电容器过电压保护动作跳闸。

03:44:30，N 变电站 B、C 相电压恢复正常：5.932kV。

03:44，监控班汇报县调并通知运维班现场查看。

05:39，运维班汇报：10kV 配电室内烟很大，怀疑是电压互感器问题，因电压互感器在开关柜内无法确定。

05:40，县调转移 10kV Ⅰ段母线负荷后，将母线停役检查。

06:15 运维班现场检查 10kV Ⅰ段母线 A 相电压互感器烧毁，已将电压互感器小车拉出，故障电压互感器隔离。当值调度员经请示领导，将母线及出线恢复运行。通知检修试验工区处理。

三、故障原因及分析

（1）第一阶段 03:36:10:935—03:36:11:329，因 10kV 线路（53A3）间歇性弧光接地，先后共两次，造成母线接地信号起动复归。同时形成间隙性弧光接地过电压（监控信息显示最高达到 11.9kV），造成母线电压互感器回路谐振（A 相电压 11.9kV，B 相电压 7.88kV，C 相电压 11.9kV，属典型谐振现象）。

间隙性弧光接地过电压、母线电压互感器回路谐振是引起电压互感器损坏及熔丝熔断的直接原因。因电压互感器损坏造成母线 A 相电压逐步降低，各装置二次回路相继出现断线报警信号。

A 相电压互感器熔丝熔断后，因母线上另两相电压达 11.9kV，超过电容器过电压动作值，时间持续 6s 后，电容器过电压保护动作跳闸。因电容器跳闸，母线谐振回路遭到破坏，谐振消失。

（2）第二阶段 03:36:11:373—03:43:14:363 因线路上有接地故障，母线转换为实接地，但因 A 相电压互感器熔丝熔断，母线 A 相电压显示为 0，其他两相电压升高。

（3）第三阶段 03:43:14:363—03:44:07:412，10kV 线路上再次发生间歇性接地，接地信号先后复归、动作三次以上，弧光接地并逐渐消失，10kV 母线 B、C 相电压恢复正常。

四、启示

（1）完善制订调度监控事故处理流程，在母线出现接地信号时及时处理。

（2）配电对 10kV 线路进行监察性巡视，及时发现并消除缺陷、隐患，降低 10kV 线路接地故障率。

案例 4：主变压器断路器越级跳闸，
造成 110kV 母线失压

一、故障前运行方式

220kV Q 变电站 110kV 由 1 号主变压器 101 断路器经 110kV Ⅰ 段母线供 QS 线 111 断路器、QX Ⅱ 线 112 断路器、QX Ⅰ 线 113 断路器、QG 线 118 断路器、QH 线 119 断路器、110kV Ⅰ 段母线电压互感器在运行。母联 131 断路器、110kV

Ⅱ段母线电压互感器、Ⅱ段母线在冷备用。

110kV J 变电站：110kV 由 QXⅡ线 115 断路器经Ⅰ段母线供 XQ 线 112 断路器、PX 线（热备用）；QXⅠ线 114 断路器经Ⅱ段母线供 XW 线（充电空载）、PX 线（充电空载）、2 号主变压器；1 号主变压器（热备用）。接线示意图如图 2－4 所示。

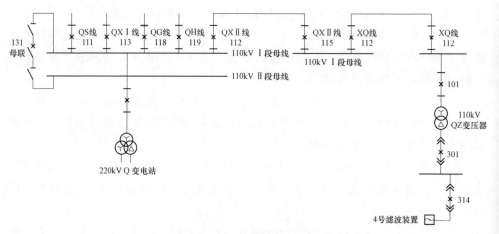

图 2－4　110kV 电网接线示意图

二、故障及处置经过

某年 9 月 21 日 01 时 12 分，后台机报"开关由合到分"，220kV Q 变电站 1 号主变压器 101 断路器在分位，检查 110kV QS 线 111 断路器、QXⅠ线 113 断路器、QXⅡ线 112 断路器、QG 线 118 断路器、QH 线 119 断路器在合位，所有断路器电流、有功、无功显示为零，110kV 母线电压指示为零。检查 1 号主变压器保护装置报：A、B、C 相中压侧过流保护动作，1519ms，110kV 母线差动保护屏差动Ⅰ开放灯亮。110kV QS 线 111 断路器、QXⅠ线 113 断路器、QXⅡ线 112 断路器、QG 线 118 断路器、QH 线 119 断路器保护装置报 TV 断线报警。后台机只有 1 号主变压器 101 断路器变位的保护信息，无其他保护信息报文，事故音响也无。

三、故障原因及分析

（1）保护动作分析。下面主要列出 XQ 线和 QXⅡ线相关的保护定值和线路参数，见表 2－1。

表 2-1 XQ 线和 QX Ⅱ 线相关的保护定值和线路参数

线路名称	距离 Ⅰ 段（Ω）	距离 Ⅰ 段时限（s）	距离 Ⅱ 段（Ω）	距离 Ⅱ 段时限（s）	距离 Ⅲ 段时限（s）	线路长度（km）
XQ 线	0.26	0	0.654 5	0.3	2.4	3.039
QX Ⅱ 线	0.229	0	0.429	0.3	2.7	4.924

110kV QX Ⅱ 线保护、XQ 线保护启动未动作。QX Ⅱ 线相间距离 Ⅰ 段 0.229Ω，时间 0s；相间距离 Ⅱ 段 0.429Ω，时间 0.3s；相间距离 Ⅲ 段时间 2.7s 不予考虑。按 110kV 故障录波器动作电流来计算，相间距离 Ⅰ 段相间二次动作电压：$0.229 \times 9.9 \times 2 = 4.53$V，相间距离 Ⅱ 段 $0.429 \times 9.9 \times 2 = 8.49$V。而 Q 变电站 110kV 故障录波器测得故障时 110kV 母线二次残压有效值为：A 相 41.326V，B 相 40.468V，C 相 41.926V；Q 变电站 110kV 母线二次相间电压：$40 \times \sqrt{3} = 69.28$V，远远超过 QX Ⅱ 线距离保护动作电压，故 QX Ⅱ 线距离保护不动作。

XQ 线相间距离 Ⅰ 段 0.26Ω，时间 0s；相间距离 Ⅱ 段 0.654 5Ω，时间 0.3s；相间距离 Ⅲ 段时间 2.4s 不予考虑。按 110kV 故障录波器电流来计算，相间距离 Ⅰ 段相间二次动作电压：$9.9 \times 0.26 \times 2 = 5.148$V；相间距离 Ⅱ 段 $9.9 \times 0.654\ 5 \times 2 = 13$V。而此时 XQ 线故障时 J 变电站 110kV 母线一次相电压。

$$U = （40 \times 110\ 000/100） - 0.4 \times 3.03 \times 9.9 \times 800/5 = 42\ 080V$$

其中，0.4 为单位线路正序电抗值。

J 变电站 110kV 故障母线二次单相电压：$42\ 080/110\ 000 \times 100 = 38.25$V，二次相间电压：$38.25 \times \sqrt{3} = 66.246$V，也远远超过 XQ 线距离保护动作电压，故 XQ 线距离保护不动作。

Q 变电站 110kV 故障录波器测得主变压器 220kV 侧电流有效值为：A 相 6.331A，B 相 6.456A，C 相 6.245A，变比为 800/5；主变压器 110kV 侧电流有效值为：A 相 7.124A，B 相 7.296A，C 相 6.896A，变比为 1200/5；QX Ⅱ 线电流有效值为：A 相 9.611A，B 相 9.914A，C 相 9.349A，变比为 800/5；而 QX Ⅱ 线、XQ 线未投过流保护，主变压器 110kV 侧过流保护的动作定值是 4.26，所以主变压器 110kV 侧过流保护动作。

（2）一次设备调查分析。经检查，Q 变电站 110kV 设备和 J 变电站 110kV 设备无故障。QZ 厂 110kV 变电站 35kV 4 号滤波装置 C 相绝缘子炸裂，从而引起三相短路。QZ 变电站 35kV 4 号滤波装置 314 断路器拒动；其主变压器中压侧后备保护复压过流 Ⅰ 段 1.3s，Ⅱ 段 1.5s 出口，301 断路器拒动。而未达到其高压侧后备保护启动时限为1.8s,高压侧后备保护未动作而越级使Q变电站中压侧后备101断路器跳闸。QZ变电站301和314断路器拒动,是因为断路器跳闸连接片均未投,所以才造成Q变电站中压侧后备保护101断路器跳闸,110kV系统失压。

四、启示

本次事故暴露的主要问题和相关防范措施如下:

(1)经调查,QZ厂轧钢是利用三相短路产生的电弧来生产的。QZ厂用户生产时发生大量的谐波和负序电流,引起Q变电站主变压器后备及线路保护装置发送大量的装置启动、收发讯机动作信号(1号主变压器中压侧AB套后备保护启动)。而EIA−RS485通信方式通信速率只有9.6kbit/s,造成南瑞RCS−9794装置堵塞,无法接受正常的保护信号和报警。220kV Q变电站2号主变压器扩建投运,不再采用RS485的通信方式进行保护装置的信号传输,改用其他更好的通信装置。

(2)系统运行方式安排分析不透彻,保护配置考虑不周全。Q变电站只有1台主变压器,110kV采用的是双母线接线。主变压器后备保护没有考虑第一时限跳母联断路器,110kV母线未分段运行。当线路或者出线设备一旦越级,则影响整个110kV系统运行。另外,对QZ厂特殊用户,因存在较大的短路电流,XQ线、QXⅡ线均未设置过流保护。

(3)对用户侧技术监督管理和约束能力较弱。对用户电气设备的监督体系还不完善,设备运行状况了解不深,造成用户随意更改保护装置和投退保护连接片。要加强对用户的监管能力和约束能力,定期对用户保护装置和断路器跳闸连接片的投入情况进行检查,检查出来的问题要通知用户进行整改。

(4)优化调整110kV系统的运行方式。由于Q变电站只有一台主变压器,而110kV采用的是双母线接线。面对这种单变双母,可以将QXⅡ线接有Ⅱ段母线上,而Ⅱ段母线由Ⅰ段母线经母联131断路器供电,这样母联131断路器作为QXⅡ线的上一级断路器。同时Q变电站调整1号主变压器中压侧后备过流保护定值,第一时限1.5s跳开110kV母联131断路器,第二时限1.8s跳开主变压器中压侧断路器。以防止此类事故的再次发生。

(5)在J变电站XQ线加装一套110kV线路过流保护装置,整定时限不超过1.5s。QZ厂主变压器高、中压侧后备保护复压过流时间定值最高不超过1.2s。

案例5：220kV K 变电站110kV 正母线电压互感器气室击穿，造成 110kV 正母线差动保护动作

一、故障前运行方式

K 变电站是 220kV 室外 GIS 智能变电站，110kV 系统为双母接线方式，接线示意图如图 2-5 所示。

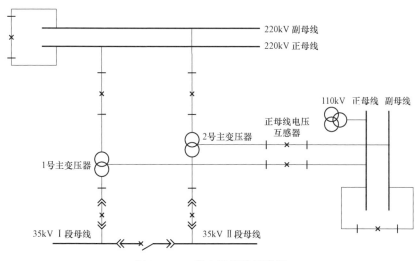

图 2-5 K 变电站接线示意图

二、故障及处置经过

某年 10 月 15 日 07:36，K 变电站发"110kV 正母线电压互感器 SF$_6$ 气压低告警"，该信号此前已多次告警，此前检查未发现明显漏气点，信号会自行复归。监控因此并未引起足够重视。

08:46，K 变电站 110kV 正母线差动保护动作，110kV 正母线上所有断路器跳闸，110kV 正母失压。

08:47，监控班报地调并通知运维班现场查看。

09:39，运维班报：110kV 正母线电压互感器有焦味，怀疑是电压互感器问题，需进一步检查。

09:40，地调将 110kV 正母线改检修后检查。

后经检查 110kV 正母线电压互感器气室 SO_2 含量超标（测量值为 $2.4\mu L/L$，标准值为 $1\mu L/L$），判断气室击穿。

三、故障原因及分析

故障是由于 110kV 正母线电压互感器气室漏气导致气室压力降低，绝缘强度下降，由于漏点较大，漏气发展程度较快，最终导致电压互感器击穿，引起母线差动保护动作。其次是由于监控对反复出现的重要异常告警信号重视程度不够，在发现"110kV 正母线电压互感器 SF_6 气压低告警"信号时未第一时间通知运维班检查并告知调度，造成缺陷的进一步发展并最终导致母线跳闸。

四、启示

（1）完善制订调度监控重要异常告警信号处理流程，在出现重要告警信号时要及时处理。

（2）对 GIS 智能变电站设备要加强巡视，后续要对其余 GIS 站设备进行全面检查，根据检查结果列出整改计划，在检修中消除缺陷。

案例 6：35kV 母线高压熔丝熔断故障事故分析

一、故障前运行方式

故障前天晴，35kV A 变电站 35kV 母线桥式接线方式，接线示意图如图 2−6 所示。

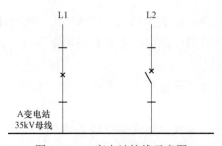

图 2−6 A 变电站接线示意图

二、故障及处置经过

某年 10 月 31 日 10:54 A 变电站 35kV 母线电压异常，$U_a = 21.8kV$，$U_b = 18.56kV$，$U_c = 21.44kV$。值班调控员根据故障现象，判断 A 变电站 35kV 母线电压互感器 B 相熔丝熔断，报告变电运检班到现场检查 A 变电站 35kV 母线电压互感器，11:30 变电运检班汇报 A 变电站 35kV 母线电压互感器 B 相高压熔丝熔断，值班调控员停 A 变电站停 35kV 备自投装置、35kV 故障解列装置后，将 A 变电站 35kV 母线电压互感器改检修进行抢修。

三、故障原因及分析

因 A 变电站 35kV 母线电压互感器 B 相高压熔丝熔断，造成 A 变电站 35kV 母线电压异常。

四、启示

（1）根据电压情况快速判断为母线电压互感器熔丝熔断故障；
（2）故障处置时，应停用涉及母线电压的保护，严防保护误动作。

案例 7：10kV 线路外力破坏故障事故分析

一、故障前运行方式

故障前天晴，35kV A 变电站 35kV 母线桥式接线运行，接线示意图如图 2-7 所示。

图 2-7　A 变电站接线示意图

二、故障及处置经过

某年 5 月 17 日 12:40 A 变电站 L1 过流 III 段保护动作，断路器跳闸（重合闸未投），经四区主站系统故障研判，判断故障点在 Q 开关站 QL1 线 14～15 号杆之间，值班调控员将 Q 开关站 QL1 线路由运行改冷备用后，A 变电站 L1 线路由热备用改运行，供电所汇报故障点为 QL1 线 30～31 号杆 A、C 相线路断线（外力破坏），13:41 城区所告知已拉开 QL1 线 15 号杆开关，对前段线路进行试送，开关站 QL1 线路由冷备用改运行。

三、故障原因及分析

因 QL1 线 30～31 号杆 A、C 相线路断线（外力破坏）。

四、启示

（1）善用配电自动化系统对故障线路进行研判。

（2）根据研判结果第一时间恢复未故障线路供电，严格执行先供后抢，缩短故障停电时间。

案例 8：10kV 系统串联谐振引起母线电压异常事故

一、故障前运行方式

电网 110kV 系统正常全接线运行方式，甲变电站正常运行方式，10kV 线路 L_1 在甲变电站 10kV Ⅰ 段母线上运行（见图 2-8）。

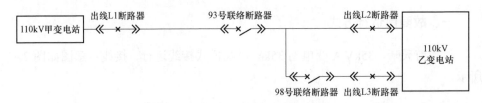

图 2-8　10kV 电网接线示意图

二、故障及处置经过

某年 6 月 14 日在倒方式操作过程中，甲变电站 10kV Ⅰ 段母线电压出现异常：$U_{ab}=10.34\text{kV}$，$U_a=7.3\text{kV}$，$U_b=6.8\text{kV}$，$U_c=4.1\text{kV}$，$3U_0=55.8\text{V}$。具体过程如下：

11:45 合上甲变电站线路 L_1 的 93 号联络断路器（合环）。

11:51 乙变电站线路 L_2 断路器由运行改热备用（解环）11:51 甲变电站 10kV Ⅰ 段母线电压异常：$U_{ab}=10.34\text{kV}$，$U_a=7.3\text{kV}$，$U_b=6.8\text{kV}$，$U_c=4.1\text{kV}$，$3U_0=55.8\text{V}$。

同时报甲站 10kV Ⅰ 段母线接地，及各出线间隔保测装置异常动作信号。

12:12 乙变电站线路 L_2 断路器由热备用改运行（合环）。

甲变电站 10kV Ⅰ 段母线电压恢复正常，异常信号均复归。

12:36 拉开线路 L_1 的 93 号联络断路器（解环）恢复原正常方式。

13:26 变电运维人员到达现场后发现消弧线圈挡位在 1 挡，随即调到 3 挡，但发现由于消弧线圈在自动位置，会自动降到 1 挡，后运维人员将消弧线圈改为手动，并重新将挡位改为 3 挡。调控员重新对两条 10kV 线路进行合解环操作，均正常。

三、故障原因及分析

（1）判断为串联谐振。

（2）系统中三相参数不对称，消弧线圈补偿度调整不当，在倒运行方式操作时，会报出接地信号。

四、启示

（1）在倒方式操作过程中，出现电压异常现象，一般可认定为谐振现象，可通过拉合电容器或调整运行方式，或现场消弧线圈停电调整分接头再投入。

（2）如果消弧线圈容量不足，无法保证足够的补偿度，极易造成严重的串联谐振过电压，必须及时进行增容改造，才能确保电网安全稳定运行。

第二节　主变压器故障

案例1：因主变压器二次电缆破损引起主变压器挡位异常

一、故障前运行方式

如图 2-9 所示，35kV 甲变电站 1 号主变压器供 10kV Ⅰ 段母线运行，2 号主变压器供 10kV Ⅱ 段母线运行。

二、故障及处置经过

某年 7 月 17 日 13:35 甲站 1 号主变压器 2 挡，甲站 2 号主变压器 7 挡；1 号主变压器电流 436A，1 号主变压器无功为 7.21Mvar，2 号主变压器电流 532A，2

号主变压器无功为 -9.17Mvar；10kV 母线电压为 10.71kV。随后的几分钟时间，尝试对甲站 2 号主变压器进行调档，执行不成功；13:51 甲站拉开 2 号主变压器 10kV 断路器，甲站 1 号主变压器电流为 205.14A，1 号主变压器无功为 -1.59Mvar，10kV 母线电压恢复正常，为 10.21kV。

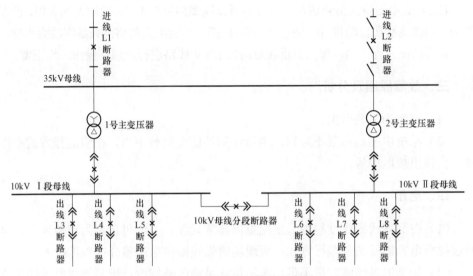

图 2-9 甲变电站接线示意图

15:23 变电检修人员赶到现场后经检查是由于甲站 2 号主变压器二次电缆皮破损，而后将二次电缆中加热电源线拆除。工作结束后恢复对甲站 2 号主变压器的送电，经调挡试验后各项指标均在规定的范围内。

三、故障原因及分析

小动物的齿痕造成了对二次电缆的破坏。由于主变压器的调挡线与加热电源线处在同一根电缆中，电缆绝缘的破坏使得两根线路短接，而加热电源线时刻都是有电的以保持对有载端子箱的除湿，故使得调挡线一直也处在有电状态进行动作出口，所以装置则一直自动对甲站 2 号主变压器进行向上的调挡，导致两主变压器挡位差距过大，压差过大造成无功环流。

四、启示

（1）下属各变电站中各电缆夹层及其他重要部分做好封堵防漏措施，切实做好防小动物的安全措施，消除可能出现的安全隐患。

（2）加强对各变电站遥测及各类信息的实时监控，并增加对各变电站的全面巡视次数，特殊时期可采用特殊监控。

案例2：站内负荷分配不均造成母线分段断路器跳闸引起主变压器过载

一、故障前运行方式

故障前天气晴朗、夏季高温，35kV A 变电站 1 号主变压器、2 号主变压器（两个主变压器容量各 10MVA）并列运行，整站负荷 18MW（见图 2-10）。

二、故障及处置经过

某日 9:45，35kV A 变电站 10kV 母线分段过流Ⅰ、Ⅱ段保护动作，断路器跳闸。造成 35kV A 变电站 1 号主变压器负荷到 14MW，严重超载，1 号主变压器油温短时间内从正常的 45℃飙升到 84℃。

处置经过：10:01 县调遥控拉开出线 L3 断路器（负荷 3.2MW）。10:05 县调遥控合上 10kV 母线分段断路器。10:07 县调令出线 L7 上库容水电站开机（出力 1.4MW）顶峰。10:20 县调令线路运维人员合上出线 L3 和出线 L8 联络的 1 号联络断路器（转移负荷至 10kVⅡ段母线）。

三、故障原因及分析

经查，故障原因为 35kV A 变电站负荷过重，且 10kVⅠ、Ⅱ段母线负荷分配严重不均，致使流过 10kV 母线分段断路器电流达到过流Ⅰ、Ⅱ段保护动作值（330A）。10kV 母线分段断路器跳闸后，重载的 10kVⅠ段母线负荷全部由 1 号主变压器供电，造成 1 号主变压器严重过载，油温不断上升。

四、启示

（1）变电站负荷接入要合理分配至各段母线，避免因负荷分配不均造成的不可控因素。

（2）A 变电站负荷过重，已不满足 N-1，应及时扩容改造。

（3）母分断路器电流互感器配置（保护变比 300/5）不满足实际需求。

（4）调控员要做好重载变电站事故拉限电序位表及事故处理预案，合理控制负荷，采取果断措施，避免事故扩大。

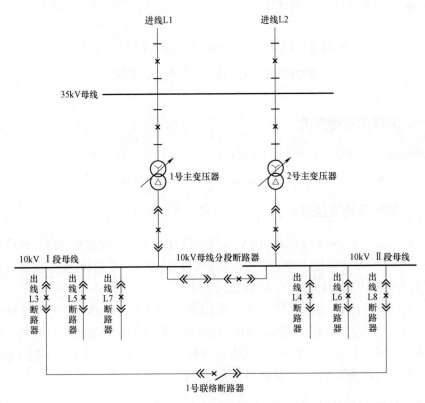

图 2-10　A 变电站接线示意图

案例 3：站用变压器炸毁引起主变压器跳闸事故

一、故障前运行方式

故障前天气阴雨，35kV A 变电站 1、2 号主变压器分列运行，10kV 母线分段开关热备用（见图 2-11）。

二、故障及处置经过

某年 3 月 21 日 04:44，35kV A 变电站 2 号主变压器后备保护动作，跳开 2 号主变压器 35kV 断路器和 10kV 断路器，瞬时甩负荷 4MW，给居民生活和工业生产带来不良影响。

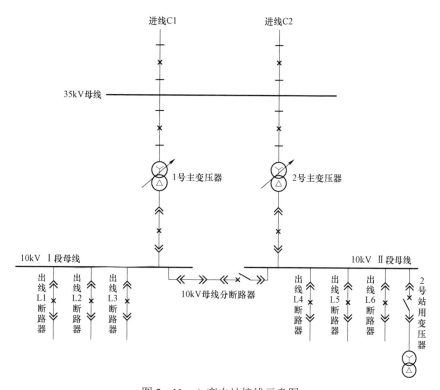

图 2-11 A 变电站接线示意图

处置经过：04:46 县调遥控拉开 10kV Ⅱ段母线上出线断路器。05:20 变电检修人员汇报：经现场检查，发现 10kV Ⅱ段母线上 2 号站用变压器炸毁。05:26 正令检修人员将 A 变电站 10kV Ⅱ段母线和 2 号主变压器改至检修状态。05:50 县调将 10kV Ⅱ段母线上出线负荷通过联络断路器转移。11:58 现场汇报已将炸毁的 2 号站用变压器与母线的连接母排已拆除，主变压器试验工作结束，12:15 完成主变压器、母线送电。

三、故障原因及分析

经查，2 号站用变压器内有小动物进入，引起 2 号站用变压器炸毁，触发 2 号主变压器后备保护动作，跳开 2 号主变压器 35kV 断路器和 10kV 断路器。

四、启示

（1）落实变电站防小动物进入防护工作，对所有变电站防护措施进行检查。

（2）强化日常巡视，发现小动物行迹立即进行处理。

（3）调度员完善并掌握事故预案，在事故发生后快速恢复供电。

案例 4：110kV A 站 1 号主变压器保护装置故障，造成全站失压

一、故障前运行方式

A 变电站是 110kV 智能变电站，110kV 设备为 GIS，正常方式为全分列运行。

当天 CD 线计划检修，AB 线运行，110kV 母线分段断路器运行，1 号主变压器运行带 10kV Ⅰ段母线，2 号主变压器运行带 10kV Ⅱ段母线接线示意图如图 2－12 所示。

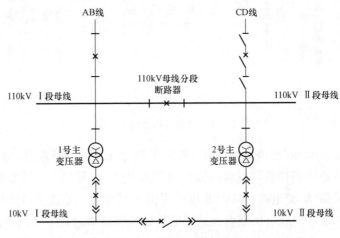

图 2－12　A 站接线示意图

二、故障及处置经过

某年 5 月 16 日 09:34，运维班汇报，在 CD 线断路器分闸（即调整为上述运行方式）后，1 号主变压器差流越限告警（差流为 $0.92I_e$）。现场查看装置，1 号主变压器第一套、第二套保护差流越限，装置面板运行异常灯亮。

09:41，变电运检室检修人员汇报调度要求将 1 号主变压器第一套、第二套差

动保护退出；09:54 运行人员操作并汇报 1 号主变压器第一套、第二套差动保护已退出。

检修人员咨询厂家后，分别将第一套、第二套保护断电重启后，第二套保护运行异常灯灭，差流恢复正常；但第一套保护差流依然存在，装置运行异常灯未熄灭，装置保护软件版本及校验码、管理软件版本及校验不能正常显示。

11:05，检查发现第二套保护软件校验码错误（装置显示 D652，实际应为 F800），随即与厂家确认，是否可投入运行。

12:20，厂家答复装置显示校验码 D652 为差动保护校验码，而 F800 是差动保护校验码与后备保护校验码合并生成的校验码，上述现象应为装置管理板未能读取后备保护校验码而导致，不影响保护功能，第二套保护应能正常投运。

12:28，A 变电站 AB 线断路器、110kV 母线分段断路器、1 号主变压器 10kV 断路器跳闸，A 变电站全站失压。现场检查，1 号主变压器第一套保护跳闸灯亮，但装置记录及监控系统均无任何告警信息。

13:02，拉开 1 号主变压器 110kV 主变压器隔离开关、合上 AB 线断路器、1 号主变压器第一套保护改信号、合上 110kV 母线分段断路器、10kV 母线分段断路器，A 变电站恢复送电。

16:07，1 号主变压器第一套保护再次动作，跳开 AB 线断路器，A 变电站再次失电（此前检修人员已经断开了第一套保护 GOOSE 跳 110kV 母线分段断路器的光纤，还未断开跳 AB 线的光纤就再次跳闸了）。

后断开 1 号主变压器第一套保护所有 GOOSE 跳闸光纤，合上 AB 线断路器，A 站恢复送电。

三、故障原因及分析

（1）主变压器第一套差动保护未实际退出。经现场调取 1 号主变压器第一套保护装置动作后内存数据分析，发现虽然经过软压板退出的操作，但 1 号主变压器第一套差动保护并未实际退出，与通过装置面板查阅看到的差动保护状态并不一致（装置面板查阅 1 号主变压器第一套差动保护为退出状态）。

主变压器第一套差动保护未实际退出原因：当监控后台下发退出差动功能软压板命令到装置后，装置管理板接受遥控选择并进行固化，在其固化后即回复后台遥控成功，同时进行向各子板下装。但此时由于装置管理总线已处于通信中断状态，导致管理板定值无法正常下装至保护板，保护板也由于通信中断原因无法完成软压板 CRC 自检校验及自检异常信息上送；同时，保护板也无法将相关动作信息送管理板，导致动作后装置及后台均无相关记录。

（2）主变压器差动保护 110kV 母线分段电流互感器极性设置错误。现场调取 1 号主变压器第一套保护装置动作后内存数据分析，发现第一套差动保护 110kV 母线分段电流互感器极性设置错误（正极性），与通过装置面板查阅差动 110kV 母线分段电流互感器极性设置不一致（反极性）。

现场调取 1 号主变压器第二套保护装置内存数据分析，发现第二套差动保护 110kV 母线分段 TA 极性正确，与通过装置面板查阅差动保护 110kV 母线分段电流互感器极性设置一致（反极性）。

注：1 号主变压器第一套、2 号主变压器第一套共用 110kV 母线分段断路器第一套合并单元；1 号主变压器第二套、2 号主变压器第二套共用 110kV 母线分段断路器第二套合并单元。

A 变电站于××年 9 月投产，投产时进行 1 号主变压器保护带负荷试验和 110kV 备自投带系统试验，验证 1 号主变压器两套差动保护 110kV 母线分段电流互感器极性正确。

××年 2 月 3 日，1 号主变压器第一套保护进行了装置内部底层通信程序升级（厂家出具了升级说明函：虚端子、ICD 文件及相应外特性均保持不变，不影响保护逻辑），升级完成后，A 变电站运行方式一直为全分列运行，未发现差流异常，直至本次调整运行方式暴露问题。

110kV 母线分段电流互感器极性设置为厂家参数设置，其设置机制同软压板投退，均需通过装置管理板下发到相应子板，参数异常校验及异常信息上送也由管理板负责，且从装置界面调阅的信息均为管理板固化的信息。因此，同样存在管理总线通信中断，极性参数无法被正常下装到采集子板，而从装置界面调阅却显示正常。

主变压器差动保护 110kV 母线分段电流互感器极性设置错误原因不明，该参数为厂家设置参数，未对运行检修开放权限。

（3）管理总线通信中断原因。现场测量装置总线板交换芯片电源模块输出电压引脚，实际测量电压为 4.2V 和 2.3V，低于正常电压 5V，因此本次管理总线异常是因总线板交换芯片电源模块异常引起。

（4）责任分析。综合分析，本次 1 号主变压器差动动作出口，是因为 1 号主变压器差动保护 110kV 母线分段电流互感器极性设置错误，差流达到主变压器差动启动电流，同时主变压器差动保护因装置管理总线通信中断，未能实际退出，最终导致差动保护动作出口。

四、启示

（1）完善保护装置参数下装及软压板投退机制。首先为避免在装置管理总线异常情况下，后台下发软压板遥控命令装置反馈下装成功而保护板实际未下装成功的问题，优化软压板遥控下装流程，如果管理板向子板下装不成功，装置应通过管理板发定值自检异常告警。

已要求设备厂家尽快完成参数下装及软压板投退机制完善，8月底前完成厂内测试（组织技术人员参加厂家测试），9月安排现场软件升级。在未完成软件升级前，建议暂停厂家相同型号保护装置监控后台软压板投退操作，改为装置面板操作。同时全面开展公司已投运保护装置软硬板投退、参数设置机制排查，安排计划统一整改。

（2）进一步加强智能变电站技术培训。本次事件暴露出专业技术人员对智能站技术原理、装置内部架构等方面的不足，对一些异常问题对保护装置运行的影响估计不足。因此，应改变专业技术人员重保护功能逻辑和外回路、轻装置内部架构和数据通信的工作思路，统筹安排智能变电站技术原理和装置本体技术培训，提高专业技术人员在面对智能变电站保护缺陷时的判断能力和处置水平。

（3）编制智能变电站运行检修规范和缺陷处理手册。组织调控、检修、运行人员，8月底完成智能变电站运行检修规范和缺陷处理手册编制，明确设备定值管理、停役方式、压板操作要求，缺陷处理前的安措要求和处理后的试验要求。

案例5：35kV B 变电站 1 号主变压器重瓦斯保护动作跳闸，造成全站失压

一、故障前运行方式

B 变电站是 35kV 常规变电站，CB 线带 1、2 号主变压器运行，DB 线停电检修，断路器分位，35kV 母线分段断路器合位，1、2 号主变压器 10kV 断路器带母线运行，接线示意图如图 2-13 所示。

二、故障及处置经过

某年 7 月 14 日 10:58，B 变电站 1 号主变压器低压侧后备保护、本体重瓦斯保护动作，CB 线、35kV 母线分段、1 号主变压器 10kV 断路器跳闸，全站失压，

损失负荷 9.7MW。从保护装置中获得相关动作时序。如下：

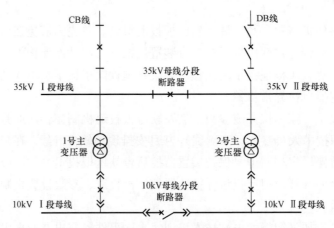

图 2-13　B 站接线示意图

（1）10:58:26:550，1 号主变压器低压侧后备Ⅲ段复压过流动作（28.92A ABC 相 800/5），经延时 1.5s 后跳开 1 号主变压器 10kV 断路器，保护动作正确。

（2）10:58:28，1 号主变压器低压侧后备Ⅲ段复压过流复归（定值 6.6A 1.4s）。10kV 部分故障点切除。

（3）10:58:28:259，1 号主变压器本体轻瓦斯动作发信。

（4）10:58:28:294，1 号主变压器本体重瓦斯动作，跳开 35kV CB 线断路器、35kV 母线分段断路器、1 号主变压器 10kV 断路器（之前已跳开），保护动作正确，1 号主变压器故障点切除。

运维人员到达现场后，将 1 号主变压器和 10kV Ⅰ段母线隔离后，通过 CB 线恢复 35kV 母线运行，送 2 号主变压器带 10kV Ⅱ段母线运行，10kV Ⅰ段母线下接负荷由配调自行安排。

三、故障原因及分析

（1）过电压产生原因。据配调提供信息，故障发生前 10kV BE 线 4 台区支线新立电杆、铺设缆工作，10 时 54 分汇报工作结束许可送电，10 时 58 分汇报合上 C 相熔丝后电缆冒火，已自行拉开。根据小电流选线装置动作信息，BE 线单相接地持续时间 23s。

由于 4 台区支线投产送电后发生 C 相单接地故障，根据中性点不接地系统单相故障理论，BE 线对地电容流通过 C 相接地点从线路流向母线，并经 C 相母线电压互感器及中性点构成 L–C 串联回路，当回路中感抗与电容接近相等，电路呈现纯阻性状态时，系统发生谐振过电压。该过电压作用于 C 相，导致 BE 线 4 台区变压器烧毁；同时过电压导致 B 变电站 10kV I 母 C 相避雷器动作过后发生炸裂，并引三相短路故障。

（2）10kV 设备故障发生过程分析。结合之前的检查情况，发现 10kV 部分除了 10kV I 段母线电压互感器 C 相避雷器存在彻底炸裂以外，其他部件内基本未受到大的损伤，当故障发生后，电弧放电只对其他设备的外绝缘造成了一定程度的损伤。因此，10kV I 段母线电压互感器 C 相避雷器为故障的起始点。由于 10kV I 段母线电压互感器手车避雷器及母线电压互感器距离较近，一旦存在电弧放极容易迅速发展为三相短路，1 号主变压器低压侧后备 III 段复压过流动作，说明此时系统因电弧放电发展为三相短路。10:58:28 1 号主变压器低压侧后备 III 段复压过流复归（定值 6.6A 1.4s），持续时间 1.4s，说明此时 1 号主变压器低压侧后备 III 段复压过流动作跳开 1 号主变压器 10kV 断路器成果，10kV 部分故障被切除。

（3）主变压器故障发生过程分析。10:58:28:259，1 号主变压器本体轻瓦斯动作发信，10:58:28:294，1 号主变压器本体重瓦斯动作。由于之前 10kV 系统故障，1 号主变压器承受了区外短路电流的冲击，主变压器内部发生放电，从而导致 1 号主变压器重瓦斯保护动作跳开 1 号主变压器三相侧断路器,主变压器故障切除。

四、启示

（1）加强对公司油色谱异常的主变压器跟踪，重点防止主变压器中低压侧短路情况的发生。

（2）优化母线避雷器标称电流配置方案，将标称放电电流由 5kA 提高到 10kA，提高抗过电压能力。

（3）配网运维单位应进一步加强配电施工艺及质量管控，避免人为责任原因造成的设备及电网故障发生。

案例 6：110kV C 变电站 2 号主变压器差动保护动作跳闸，造成全站失压

一、故障前运行方式

C 变电站是 110kV 常规变电站，完整内桥接线，一主一备运行方式，当天 EC

线停电检修，接线示意图如图 2-14 所示。

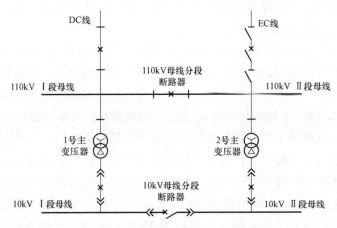

图 2-14 C 变电站接线示意图

二、故障及处置经过

某年 6 月 19 日 13:31，C 变电站 1 号主变压器差动保护动作，DC 线、110kV 母线分段、1 号主变压器 10kV 断路器跳闸，造成 C 站全站失压，负荷损失 43.6MW。

13:31:33:450，1 号主变压器差动保护动作，跳开 DC 线断路器、110kV 母线分段断路器、1 号主变压器 10kV 断路器，C 变电站全站失压。

拉开 2 号主变压器 10kV 断路器，通知县调通过 10kV 联络线分别送 10kV Ⅰ、Ⅱ 段母线及下接负荷。

三、故障原因及分析

现场检查结果是 1 号主变压器 10kV 断路器柜柜内电流互感器炸裂，造成 1 号主变压器差动保护动作。

四、启示

（1）加强设备维护，提高设备健康水平。

（2）做好设备停役期间的相关应急管控预案。

案例 7：110kV D 变电站 1 号主变压器低压侧后备保护动作跳闸，造成 10kV Ⅰ 段母线失压

一、故障前运行方式

110kV D 变电站为典型内桥接线，2 条 110kV 进线 BD 线和 CD 线分别送 1、2 号主变压器分列运行，110kV 母线分段、10kV 母线分段断路器热备用，备自投均跳闸状态。10kV Ⅰ 段母线共有 10 条出线，其中专线 4 条，公用线路 6 条，事故前 10 条出线共带负荷 27MW，接线示意图如图 2−15 所示。

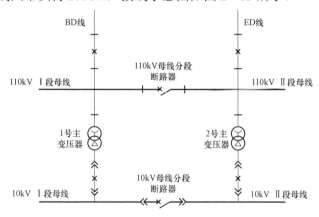

图 2−15　D 变电站接线示意图

二、故障及处置经过

某年 7 月 28 日 09:12 110kV D 变电站 1 号主变压器低压侧后备保护动作，10kV 母线分段备自投动作，10kV 母线分段过流保护动作，1 号主变压器 10kV 断路器、BD 线断路器、10kV 母线分段断路器分闸，10kV Ⅰ 段母线失压，损失负荷 27MW。从保护装置中获得相关动作时序。如下：

（1）9:11:56.7：D 变电变 1 号主变压器低压侧后备保护复压动作；

（2）9:11:58.8：过流 Ⅰ 段经 2.1s 跳 1 号主变压器 10kV 断路器；

（3）9:11:59.1：过流 Ⅱ 段经 2.4s 跳 BD 线断路器。

1 号主变压器 10kV 断路器跳开后，10kV 母线分段断路器备自投动作合于故障，10kV 母线分段过流保护动作 10kV 母线分段断路器，10kV Ⅰ 段母线失电；通

知县调 D 站 10kV Ⅰ 段负荷由县调自行安排。

三、故障原因及分析

由保护动作过程结合故障现象可推知，近期天气炎热，负荷突然升高（故障前日峰值 49.39MW，额定容量 50MW），柜内铜母排发热，长时间作用下致使相关绝缘件绝缘强度下降，引起 1 号主变压器 10kV 断路器柜内部靠母线侧触头发生 AB 相间短路故障。故障后，1 号主变压器低压侧后备保护复压动作，过流 Ⅰ 段经 2.1s 跳 1 号主变压器 10kV 断路器，由于此时 1 号主变压器断路器母线侧故障已烧穿了断路器柜母线室与主变压器进线室之间的隔板，被烧毁的熔融物质滴至 1 号主变压器断路器靠主变压器侧铜排上造成主变压器低压侧短路，因此，1 号主变压器差动保护因故障点在保护范围之外仅发告警信号，过流 Ⅱ 段经 2.4s 跳 BD 线断路器及母线分段断路器，造成 D 变电站 1 号主变压器及 10kV Ⅰ 段母线失电。而后，10kV 母线分段备自投经 2s 后动作，母线分段断路器合于故障跳闸。

四、启示

（1）为提前发现断路器柜内设备发热部位，在确保断路器柜防护等级前提下，对重要变电站的断路器柜设置红外热像检测窗口，优先结合停电加装大电流柜的红外热像检测窗口，并加强日常运行巡视。

（2）在严格按照标准开展断路器柜的例行试验、带电检测和巡视的基础上，在重负荷期间对重要变电站增加局部放电、红外热像检测等带电检测频次，并对异常数据加强跟踪分析。

（3）利用电网低负荷期试点开展断路器柜中期维护工作。通过合理安排负荷转供方式，利用低负荷期对运行 10 年以上的老旧断路器柜进行中期维护，对发现缺陷及时整治，更换易受损绝缘件、集中开展设备例行试验，提高老旧断路器柜设备运行可靠性和安全性。

案例 8：110kV E 变电站 1 号主变压器过电流保护动作跳闸，造成 35kV Ⅰ 段母线失压

一、故障前运行方式

110kV E 变电站为线路变压器组接线，两路电源分别为 GE 线、HE 线供电，1、2 号主变压器容量均为 63MW，1 号主变压器供 35kV Ⅰ 段母线，2 号主变压器

供 35kV Ⅱ 段母线，35kV 母线分段断路器处于热备用状态（备自投投入）。35kV EF479 馈线由 35kV Ⅰ 段母线供电。EF479 为 35kV F 变电站一路电源线。E 变电站事故前 1 号主变压器负荷率为 73%，2 号主变压器负荷率为 65%，接线示意图如图 2-16 所示。

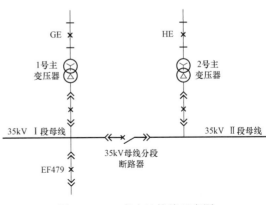

图 2-16　E 变电站接线示意图

二、故障及处置经过

某年 7 月 11 日上午 10:11 E 变电站事故总信号动作，EF479 过电流 Ⅱ 段保护动作，1 号主变压器过电流保护动作，1 号主变压器 35kV、GE 线断路器跳闸，35kV 备自投动作，35kV 母线分段断路器合闸后再次跳闸，35kV Ⅰ 段母线失电。35kV Ⅰ 段母线下级变电站备自投动作成功，无负荷损失。此时 E 变电站全站负荷仅由 2 号主变压器供电，2 号主变压器负载率已达 138%，处于严重超载状态。从保护装置中获得相关动作时序。

（1）10:11:36.7：E 变电站 EF479 过流 Ⅱ 段保护动作，EF479 断路器未分闸。

（2）10:11:38.8：1 号主变压器过流保护动作，1 号主变压器 35kV、GE 线断路器跳闸。

（3）1 号主变压器 35kV 断路器跳开后，35kV 母线分段断路器备自投动作合于故障，35kV 母线分段过流保护动作 35kV 母线分段断路器，35kV Ⅰ 段母线失电。

（4）运维人员到现场检查后，将 EF479 断路器隔离后，检查 1 号主变压器无异常，恢复 1 号主变压器及 35kV Ⅰ 段母线送电，2 号主变压器过载消除。

三、故障原因及分析

由保护动作过程结合故障现象可推知，因 EF479 线故障后断路器拒动（保护正常动作）而引起了上级主变压器过流保护动作，后经检查发现为 EF479 线 23 号杆外力破坏引起线路故障。

四、启示

（1）双主变压器运行变电站，一台主变压器故障跳闸后，要及时检查剩余运行主变压器是否存在过载，及时进行负荷转移或限负荷等措施消除过载。

（2）在电网事故处理过程中，应重点关注保证故障状态下电网网架安全、可靠运行的条件，尽快恢复非故障设备的运行。

案例9：110kV变电站主变压器故障，导致变电站全停

一、故障前运行方式

110kV A变电站110kV L1线路停役（线路工作），L2线路送1、2号主变压器，10kV Ⅰ、Ⅱ/Ⅲ段母线分列运行，无异常天气（见图2-17）。

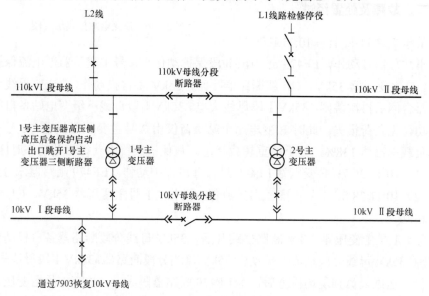

图2-17　A变电站接线示意图

二、故障及处置经过

某年4月23日12:26，A变电站1号主变压器后备保护动作跳三侧断路器，A变电站全所失压，派操作班到变电站现场检查。

12:28，地调通知县调当值，准备恢复A变电站10kV站用变压器。

12:30，地调汇报公司分管领导及相关部门负责人，A变电站全停及启动防全停预案。

13:07，地调通知县调通过10kV恢复站用变压器电源，1号主变压器10kV断

路器在热备用状态。

13:11，A 变电站 10kV Ⅰ段母线所有出线已拉开，县调通过 7903 线路恢复 A 变电站 10kV Ⅰ段母线及站用变压器，并汇报地调。

13:24，地调恢复 A 变电站 2 号主变压器及 10kV Ⅱ段母线，1 号主变压器故障暂无法恢复。

13:44，A 变电站通过 10kV 母线分段断路器恢复 10kV Ⅰ段母线及出线。

三、故障原因及分析

A 变电站两台主变压器在 110kV 侧并列运行，10kV 侧分列运行，1 号主变压器保护屏上显示有较大差流，1 号主变压器负荷 15MW、2 号主变压器 10MW 均在合理范围内，1 号主变压器高压侧高压后备保护启动出口 1 号主变压器三相侧断路器，因 110kV 单线路运行，导致 2 号主变压器同时失压，A 变电站全站失压。故障原因为 1 号主变压器高压侧电压互感器故障。

四、启示

本次事故暴露出的主要问题及防范措施：

（1）内桥接线变电站在单线路供电时方式薄弱，一旦发生单台主变压器保护动作，引起全站失压，恢复时间较长。

（2）A 变电站位于开发区地段，工业负荷较大，一旦发生全站失压无法通过 10kV 联络线完成负荷转供，供电可靠性较差。

（3）调控员在处理同类型故障时需同上级地调保持密切联系，及时掌握地调恢复送电安排，县调同时做好配合操作。

（4）主变压器高压后备保护故障跳闸，需同时检查主变压器各侧及母线。

案例 10：110kV 主变压器差动保护误动分析

一、故障前运行方式

某年 5 月 6 日 02:35:10，110kV A 变电站 2 号主变压器差动保护动作，跳开 712、202、102 断路器，210 断路器及 100 断路器自动投入成功，同时，2 号主变压器高压侧后备保护、中压侧后备保护、20kV Ⅱ段母线上的 225 断路器保护整组启动，未有出口跳闸。后经检查发现为 20kV 225 线路瞬间故障，线路保护正常启动，而差动保护范围内并无故障，但 2 号主变压器差动保护却误动作出口（见图 2-18）。

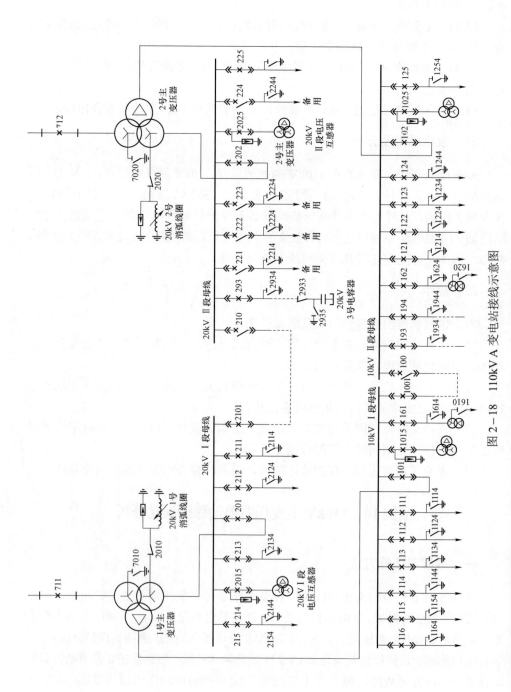

图 2-18 110kV A 变电站接线示意图

二、故障及处置经过

02:35 接监控汇报：110kV A 变电站 2 号主变压器差动保护动作，110kV 712 断路器、2 号主变压器 20kV 202 断路器、10kV 102 断路器事故跳闸，20kV、10kV 备自投装置自动投入成功，20kV 母线分段 210 断路器及 10kV 母线分段 100 断路器合闸。

03:01 A 变电站值班员汇报：保护动作情况如监控汇报，差动保护动作电流为 $0.68I_e$（整定值 $0.6I_e$）。所内设备检查正常，2 号主变压器高压侧后备保护、中压侧后备保护、20kV Ⅱ 段母线上的 225 断路器过流 Ⅱ 段保护启动，但都未有出口跳闸。

03:02 通知配电工区、用检员对 20kV 225 线巡线。

03:40 变电检修工区申请 2 号主变压器转检修，进行相关设备检验。

4:05 用检员汇报：225 线一用户进线断路器跳闸，用户变压器烧坏。

三、故障原因及分析

从保护信息管理机分别调取的 2 号主变压器差动保护，2 号主变压器高压侧、中压侧后备保护以及 20kV 225 线线路保护的故障录波图如图 2−19 所示。

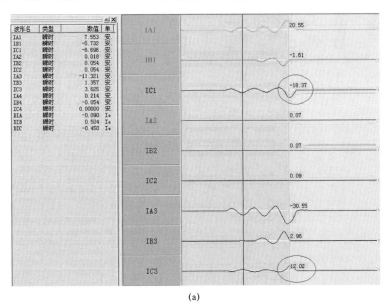

(a)

图 2−19　线路保护的故障录波图（一）

（a）2 号主变压器差动保护录波图

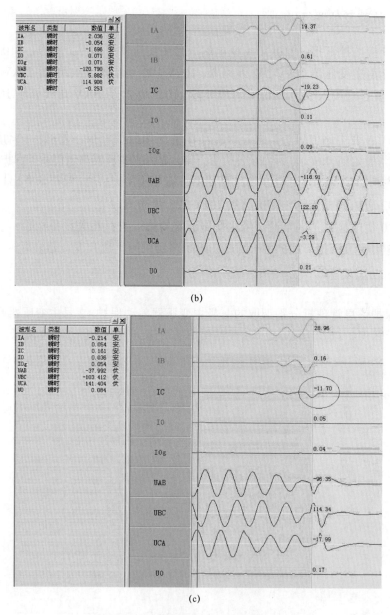

图2-19 线路保护的故障录波图（二）

（b）2号主变压器高压侧后备保护录波图；（c）2号主变压器中压侧后备保护录波图

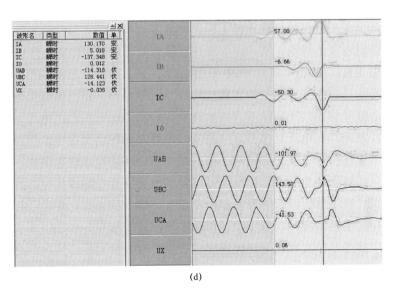

图 2-19 线路保护的故障录波图（三）

(d) 20kV 225 线线路保护录波图

从 225 线录波报告中显示的三相故障电流可以看出 225 线确实发生了三相故障，并且故障电流在 2 号主变压器差动保护、高压侧后备及中压侧后备保护中均有反应。初步断定是在 20kV 225 线故障时，引起 2 号主变压器差动保护动作。其中差动保护的整定值 $0.6I_e$，而当时的动作值达到了 $0.68I_e$。

（1）一次设备检查。根据故障录波分析初步估计此次故障为 20kV 出线三相短路，最大短路电流在主变压器中压侧 A 相达到了 12.7kA，高压侧 A 相电流达到 2.3kA，因此按近区短路故障后的试验要求对 2 号主变压器进行了预试、变压器绕组变形试验、油样化验，试验数据均正常。

（2）二次设备检查。从故障形式分析，此次故障应为主变压器区外故障，主变压器差动保护不应动作。但从主变压器差动保护故障录波数据对比分析发现：故障电流方向为流进高压侧 TA、流出中压侧 TA，因此主变压器高、中压侧二次电流方向是正确的。但对比主变压器差动 A、B 相电流高、中压侧电流比例关系，C 相中压侧电流明显偏小［如图 2-19（a）所示］，且主变压器高、中压侧后备保护的故障电流对比也存在相似情况［如图 2-19（b）、（c）所示］。初步断定中压侧 C 相电流存在问题。

对 2 号主变压器保护装置电流精度、主变压器电流互感器变比和伏安特性进行试验的检查结果均符合要求。

在对 2 号主变压器 202 断路器电流互感器回路接线正确性及绝缘进行检查中，

经测量，从主变压器保护柜端子排上断开电流互感器回路连接片后，向保护装置侧测量回路电阻及绝缘均正常；向电流互感器方向测量回路电阻，分别得到 A 相 1.5Ω、B 相 1.5Ω、C 相 0.9Ω，其中 C 相偏小，正常时应三相基本相等，所以 C 相数据异常，且在断开差动保护回路接地线后，测量该回路仍然有接地现象，即存在差动电流互感器二次回路多点接地现象。后将 202 开关柜上电流互感器端子排处连接片断开，向电流互感器方向测量回路异常情况仍然存在，但当断开相邻的中压侧后备保护电流互感器回路的接地线，差动回路接地现象消失。可以判断差动电流互感器回路与后备保护电流互感器二次回路存在绝缘问题，测量两者之间绝缘电阻只有 1.5Ω。经检查开关柜内电流互感器上的接线，发现 C 相电流互感器接线柱存在锈蚀情况，其中 1K2（差动电流回路中接点）和 2K1（中压侧后备电流回路中接点）接线螺栓间锈蚀情况较严重，存在轻微短路情况。对电流互感器接线柱进行了更换清理后，在 C 相电流互感器二次接线柱上的接线拆开的情况下，分别进行二次绕组对地、绕组间、二次线对地、二次线间绝缘试验和电阻测量，绝缘良好。因此基本判断造成此次 2 号主变压器差动动作的原因为差动保护电流回路与后备保护电流回路间绝缘被破坏。

保护动作情况分析：

当 20kV 225 线发生短路故障时，2 号主变压器的高、中压侧通过穿越性故障电流，其在差动保护中经折算应大小相等，方向相反，差动保护电流应接近为 0。但由于 C 相电流互感器的 1K2 和 2K1 接线螺栓间锈蚀严重引起二次端子轻微短路，使差动电流互感器回路与后备保护电流互感器回路间使电流产生了分流（如图 2-20 所示），其中 ΔI 为经短路点分流的电流，从图 2-20 可以看出，经过差动保护的实际电流 $I_{cd} = I_1 - \Delta I$，经过后备保护的电流为 $I_2 - \Delta I$，该结果与录波图中差动保护的中压侧 C 相电流、中压侧后备保护的 C 相电流均比故障电流实际值偏小相吻合。在区外故障的穿越性电流时，该分流使差动保护产生了 $0.68I_e$ 差动电流，大于整定值为 $0.6I_e$，造成比率差动保护动作。

后经查 225 线为瞬时故障，故障点在电流 I 段保护整定范围内，其动作时间整定为 0.2s，差动保护 0s 先行出口切除了电源，因此 225 线保护不会动作出口。

根据录波报告，折算到 20kV 侧 C 相的短路电流约 11.4kA，相当于 $6.6I_e$，当时的差流为 $0.68I_e$，不考虑电流互感器及采样回路误差，1K2 与 2K1 轻微短路后，其分流系数约 10%。经查阅历史数据，A 变电站 2 号主变压器投运后 20kV 侧负荷较轻，出现的最大负荷电流约 170A，相当于 $0.1I_e$，乘以分流系数 10%，其差流约 $0.01I_e$，由于主变压器电流互感器断线告警定值为 $0.2I_e$，所以该分流回路在运行中未能引起告警信号。

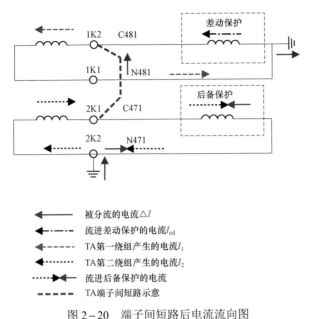

图2-20　端子间短路后电流流向图

四、启示

（1）提高变电运行值班员日常巡视质量，要求对端子箱内接线端子排等易忽视的部位认真对待，对发现有锈蚀情况的及时通知检修人员处理。

（2）在主变压器或母线电流互感器回路有工作时，变电运行值班人员应严把验收关，关注电流互感器回路有无误接线，电流互感器回路有无遗留物造成多点接地等，这些都易造成差动回路形成差动保护电流，使差动保护误动作。

（3）加强对保护运行时电流采样情况进行监视，发现差动保护电流越限等异常时及时进行检查分析，发现问题，消除隐患。

案例11：直配电变压器故障着火事故

一、故障前运行方式

故障前天晴，110kV A 变电站 1 号主变压器、2 号主变压器分列运行，B 变电站 35kV 母线桥式接线方式，为小电流接地系统（见图 2-21）。

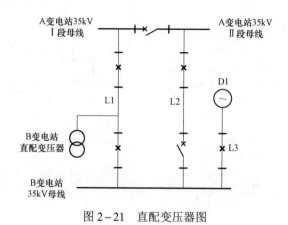

图 2-21　直配变压器图

二、故障及处置经过

某日 21:12，110kV A 变电站 L1 过流 Ⅱ 段动作（ABC 电流 23.26A），断路器跳闸，35kV 故障解列动作，解 L2 断路器，L1 重合成功；00:22，值班调控员收到系统发出直配电变压器电压越下线告警，查看直配电变压器电压，电压由 180V 马上下降到 130V，接着 110kV A 变电站 L1 过流 Ⅲ 段动作（AC 相故障电流 15.95A），断路器跳闸，35kV 故障解列动作，解 L2 断路器，L1 重合成功，发现直配电变压器无电压显示，当时值班调控员初步判断为直配电变压器高压熔丝烧断，即要求变电运检班值班人员赶往现场检查处理，由于 35kV 故障解列动作，解 L2 断路器，随后考虑到更换直配电变压器高压熔丝所需改变线路运行方式，通过监控视频巡查直配变，发现直配电变压器着火，00:38 令调控副值合上 B 变电站 L2 断路器（合环），00:39 正令调控副值拉开 B 变电站 L1 断路器（解环）00:40 操作完毕。00:40 正令 A 变电站拉开 L1 断路器；因 B 变电站改为 L2 线主送，D1 电站待 A 变电站 110kV 故障解列装置跳 L2 断路器连接片投入后方可开机发电。01:30，运维值班人员到现场，直配电变压器外部已无明火，操作人员完成直配电变压器停电操作后开启直配电变压器柜门，发现内部仍在燃烧，消防人员用干粉进行覆盖作灭火处理；01:50，火势得到完全控制，随后将 L1 线路、直配电变压器改冷备用后改检修。

三、故障原因及分析

因 B 变电站直配电变压器内部故障引起。

四、启示

（1）处置电器设备火灾故障时应先隔离电源。

（2）隔离电源后采用正确的灭火方式。

案例12：110kV A变电站1号主变压器跳闸情况分析

一、故障前运行方式

如图2-22所示，110kV A变电站1号主变压器带10kV I 、II 段母线、35kV I 、II 段母线运行。35kV I 段母线带3836断路器、2号电容器3835断路器运行，3838断路器冷备用；35kV II 段母线带3839断路器充电运行。2号主变压器正在进行增容改造，处于检修状态。

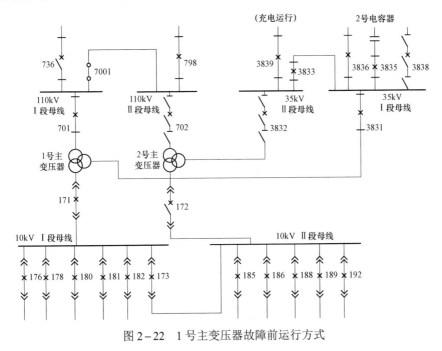

图2-22　1号主变压器故障前运行方式

二、故障及处置经过

某年8月1日16:05 110kV A变电站35kV母线发生瞬间接地,16:07 35kV 3836

线路供电的变电站发生低压侧三相故障，造成 1 号主变压器高压侧后备保护频繁启动。16:56，35kV 3836 线路发生永久性接地故障（铁路部门于次日对该线路进行设备登杆申请），地调多次联系铁路部门要求拉开 3836 断路器进行接地查找，但由于该线路为铁路信号系统专用线路，必须经铁路供电段调度同意后才能转移 3836 线路负荷，直至 17:33 才拉开 3836 断路器。此时接地故障已持续近 40min，产生危及设备相间或相对地绝缘的过电压，造成 1 号主变压器绝缘受损，拉开 3836 断路器后，接地信号未消失。18:13 拉开 1 号主变压器 3831 断路器，19:03 长时间的接地谐振过电压引起 1 号主变压器 35kV 侧套管绝缘击穿，造成差动保护、本体重瓦斯动作。同时 1 号主变压器 35kV 侧套管破损，压力释放阀动作，变压器油池起火。

事故发生时，公司立即组织现场施工人员报警、配合消防人员快速灭火，由于现场灭火工作处理及时，造成 1 号主变压器部分散热片受损。同时在第一时间向省公司领导及相关部门、市政府进行汇报，积极组织公司运检部、调控中心及时转移负荷到其他变电站，并安排专业技术人员对事故现场进行排查。

事件发生后，公司立即启动事故应急预案，各级领导、相关部门统筹协调，紧急组织抢修，一方面连夜组织施工人员提前完成 2 号主变压器更换工作，次日 09:00 启动送电，10:00 恢复所有 10kV 负荷供电；另一方面及时联系变压器厂家，次日 06:00 调拨一台变压器到达现场，对故障的 1 号主变压器进行更换。

三、故障原因及分析

（1）长时间的接地谐振过电压引起 1 号主变压器 35kV 侧套管绝缘击穿，造成差动保护、本体重瓦斯、压力释放阀动作，变压器油池起火，导致 1 号主变压器局部受损。是本次事故的直接原因。

（2）1 号主变压器为奥地利 ELIN 公司产品，自 1998 年投运以来已经使用 15 年，由于该站同时供城区配电网 10kV 与郊区农网 35kV 负荷，郊区农网接地故障较多，造成变压器电气系统运行环境较差。特别是对于进口变压器，国外 110kV 变压器中压侧多采取大电流接地系统，单项接地时立即跳闸，而国内 110kV 变压器中压侧采用的是不直接接地系统，允许单相接地短时运行 1～2h，存在着运行规程差异，加速了变压器绝缘老化，缩短了变压器使用年限。是本次事故的重要原因。

（3）1 号主变压器 35kV 侧套管采用的是油纸电容性套管，和国内目前普遍采用的纯瓷套管有较大区别，其抗出口短路、抗过电压能力较弱，绝缘老化快，在出线发生短路、接地现象时，易发生绝缘受损，不宜长期使用。近三年来 110kV A

变电站共发生跳闸 68 次、接地 20 次，长期的线路接地、跳闸和操作引起的过电压等多方面因素造成 1 号主变压器运行工况较差。

（4）A 变电站供电范围覆盖商业中心，供电负荷大，进入高温大负荷以来，1 号主变压器平均负荷率为 80%，最大油温 77.3°，再加上城区电网建设缓慢，商业中心负荷增长迅猛，导致其变压器更是连续多年重载运行。

综上所述和省公司专家组的现场分析，本次 1 号主变压器跳闸事故起因判为长期高温、大负荷运行、线路接地、跳闸和操作引起的过电压等多方面因素造成变压器绝缘老化严重，当 35kV 3836 线接地故障时，接地谐振过电压引起 1 号主变压器 35kV 侧套管绝缘击穿，主变压器差动保护、本体重瓦斯、压力释放阀动作跳开主变压器三侧断路器。变压器油经压力释放阀喷泻，变压器油池起火，导致 1 号主变压器局部受损。

四、启示

（1）用户设备运维单位对所辖线路的交叉跨越、树障等隐患排查治理工作开展不力。在其线路发生故障时，执行调度命令迟缓，导致接地故障处理时间较长，产生危及设备绝缘的过电压。

（2）对采用油纸电容性套管进口变压器的安全运行环境不熟悉，对其在国内不直接接地系统环境下，抗出口短路、抗过电压能力较弱，绝缘老化快，在出线发生短路、接地现象时，易发生绝缘受损等运行规程差异，没有采用针对性强的运行方式和相关技术手段来改善主变压器的运行工况。

（3）对县公司、大用户设备运维单位专业化垂直管理不到位，对中、低压侧出线特别是用户专线运检管理不严，隐患排查治理工作不彻底，没有及时督促县公司、大用户做好涉网设备安全管理，导致主变压器运行环境较差。

第三节 线路故障（含故障跳闸、线路接地等）

案例 1：220kV 线路相继跳闸，造成 220kV 全站失压

一、事故前运行方式

某无人值守 220kV 变电站 220kV Ⅰ、Ⅱ 段母线按照固定连接方式并列运行，

1、2 号两条进线（见图 2-23）。

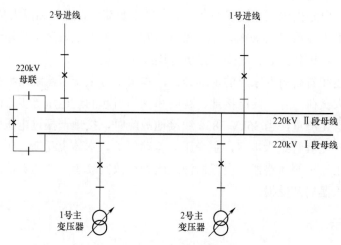

图 2-23　220kV 变电站接线示意图

二、故障及处置经过

某年 5 月 19 日 11:45，220kV 1 号进线（省调许可设备）跳闸，线路两端两套纵联保护动作，B 相故障，重合不成；故障测距距本侧 10.02km，距对侧 3.98km（全长 10.01km）。省调令地调立即安排人员赴现场检查设备，尽快组织线路强送、带电巡线。地调因现场检查设备人员延误及线路有人带电巡线等理由未及时组织线路强送。12:35 220kV 2 号进线（省调管辖）跳闸，C 相故障，线路两端两套纵联保护动作，重合不成；该 220kV 变电站短时失电。12:41 地调下令将 220kV 1 号进线强送成功，站内恢复供电，并逐步恢复损失负荷。经巡线发现：220kV 1 号进线 12～13 号塔间中相导线对树木放电，造成跳闸。220kV 2 号进线 118 号塔与 119 号塔之间 C 相导线有放电痕迹，导线有麻点，不影响运行。事故造成全站损失约 90.79MW 负荷，损失电量约 9.1MWh。13:33 省调下令恢复 220kV 2 号进线送电，站内恢复正常方式。

三、故障原因及分析

经巡线发现，220kV 1 号进线 12～13 号塔间中相导线对树木放电，造成跳闸。220kV 2 号进线 118 号塔与 119 号塔之间 C 相导线有放电痕迹，导线有麻点。

四、启示

（1）现场运维人员对 220kV 变电站线路故障重视程度不够，行动不迅速，运行人员未能按正常时间 10min 抵达现场（实际用时 40min 左右），从客观上延误了事故处理时机，运行人员在检查现场设备完好准备对 220kV 1 号进线强送之前，2 号进线跳闸造成全站失电。

（2）地调调度员在 220kV 线路跳闸后强送意识不强，现场线路有人带电巡线未完成不让强送，不能严格把握"保人身、保电网、保设备"的原则来处理事故，尽快恢复主网供电。

（3）调度员加强对规程制度的学习，严格执行各项有关规定，增强判断处理事故的能力。

（4）严肃调度纪律，加强对变电、线路运维人员监督，增强电网安全运行意识，提高各级处理事故能力。

案例 2：110kV A 变电站 35kV 馈线拒动造成主变压器过电流保护动作

一、故障前运行方式

110kV A 变电站为线路变压器组接线，两路电源分别为 L1、L2 供电，1、2 号主变压器容量均为 63MW，1 号主变压器供 35kV Ⅰ 段母线，2 号主变压器供 35kV Ⅱ 段母线，35kV 母线分段断路器处于热备用状态备自投投入。35kV L3 馈线由 35kV Ⅰ 段母线供电。L3 为 35kV Ⅰ 段母线一路电源线。A 变电站事故前 1 号主变压器负荷率为 73%，2 号主变压器负荷率为 65%（见图 2-24）。

二、故障及处置经过

某年 7 月 11 日上午 10:11，110kV A 变电站事故总信号动作，L3 过流 Ⅱ 段保护动作，1 号主变压器差动保护动作，35kV Ⅰ 段母线下级变电站备自投动作均成功，无负荷损失。此时 A 变电站全站负荷仅由 2 号主变压器供电，此时 2 号主变压器负载率已达 138%，处于严重超载状态。这次电网故障主要由于 L3 保护动作（开关拒动）所造成了主变压器过流保护。当值调控员在查看所有 110kV A 变电站所有断路器、保护先后动作的情况，初步判断 1 号主变压器差动保护应该由 1 号

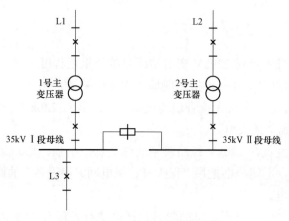

图 2-24　A 变电站接线示意图

主变压器 35kV、L1 断路器跳闸，35kV 备自投动作，35kV 母线分段断路器合闸后再次跳闸，35kV Ⅰ 段母线失电。L3 保护动作但断路器并未跳闸所引起的越级跳闸。当即要求运维值班人员、继电保护专职立即赶赴现场，向调控员汇报现场实际保护、断路器动作情况。运维值班人员到现场后向调控员汇报：110kV A 变电站 L3 过流Ⅱ段保护动作，断路器未跳闸，1 号主变压器过流保护动作，1 号主变压器 35kV、L1 断路器跳闸，35kV 备自投动作，35kV 母线分段断路器合闸后再次跳闸，35kV Ⅰ 段母线失电。当值调控员立即要求运维人员对 1 号主变压器回路进行设备检查，将 L3 改为断路器线路检修状态。在确认 1 号主变压器回路无故障后，对 1 号主变压器进行试送（成功），并及时将 35kV 系统方式予以调整恢复至正常运行方式。在继电保护专职赶赴现场后要求对 L3 馈线回路进行检修（填写停役申请书）。

三、故障原因及分析

事后确认因 L3 线 23 号杆外力破坏后断路器拒动（保护正常动作）而引起了上级主变压器过流保护动作，当值调控员依据调度台所收到的断路器、保护相关信息，初步确定了故障所引起的原因，故事故处理速度快，及时恢复了主变压器回路的送电，保证了主网的全保护、全接线运行方式。

四、启示

对于此次事故调度处理故障设备工作较好，但并未对 2 号主变压器实际严重过载的现象引起充分的重视，在电网故障处理过程仅在运维人员刚到达现场时，询问了现场 2 号主变压器温度、负荷以及主变压器挡位等信息。同时在确定 2 号主变压器已过载的情况下，并未及时采取紧急减负荷的先期准备工作。虽然此次电网故障快速予以处理完成，35kV 系统恢复正常运行方式，但应该先从电网故障发生后尽量避免事故再次扩大。

在此次事故的处理中，虽然此次电网故障快速予以处理完成，35kV 系统恢复正常运行方式，但故障后的运行方式极其薄弱，但当班调控员并未引起足够重视，仅在事故处理前查看了一下数据情况。针对此现象，要求今后在电网事故处理过程中，应重点关注保证故障状态下电网网架安全、可靠运行的条件，并加强电网事故应急预案学习。

案例 3：10kV 系统谐振过电压引起多条 10kV 线路跳闸事故

一、故障前运行方式

如图 2-25 所示，35kV A 变电站 1 号主变压器带 10kV Ⅰ 段母线运行，2 号主变压器带 10kV Ⅱ 段母线运行。

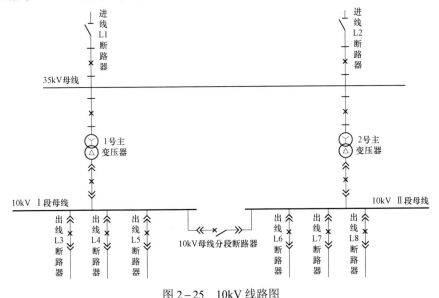

图 2-25 10kV 线路图

二、故障及处置经过

某年 8 月 10 日 10:55，35kV A 变电站 10kV Ⅰ 段母线出现接地报警，10kV 线

路 L3 因用户配电室一只老鼠爬上进线隔离开关引发单相接地，电压过高发生弧光短路，10kV 线路 L3 动作跳闸重合成功。10:58，10kV Ⅰ 段母线出线 L4 动作跳闸重合成功。10:59，拉停线路 L3，接地未复归。11:11 线路 L4 第二次速断动作，重合成功，11:19 Ⅰ 段母线出线 L5 动作跳闸（重合闸未投），母线接地消失。引发 10kV 系统谐振，产生谐振过电压，造成多条 10kV 出线跳闸，且线路多点绝缘薄弱处击穿。经检查，发现此次电网故障主要有以下 3 处故障：用户专用变压器配电室进老鼠（造成母线接地及 L3 线跳闸），L4 线某支线 1 号环网站肘型插拔件绝缘击穿，L5 线某开关站 10kV Ⅰ 段母线多处设备烧毁。

三、故障原因及分析

（1）由于用户专用变压器配电室的防小动物措施不完善，一只老鼠爬上进线隔离开关引发两相接地短路，继而造成甲站 10kV 系统接地弧光过电压致使电网多点绝缘薄弱处击穿。

（2）在中性点不接地系统中，单相接地故障发展过程一般是：间歇性电弧接地—稳定电弧接地—金属接地。在间歇性弧光接地时过电压最为严重，其非故障相的过电压可达正常运行相电压的 3.15～3.5 倍，甚至更高。这样高的过电压长时间作用于电网，会造成电器设备和系统绝缘的积累性损伤，形成绝缘薄弱点，进而对地击穿并最终导致相间短路，造成电气设备击穿、电缆放炮、电压互感器过饱和激发铁磁共振造成电压互感器烧毁。

（3）35kV A 变电站为中性点不接地系统，10kV 线路 L3 发生瞬间弧光接地引发两次跳闸，第二次故障后造成母线电压产生较大波动，10kV 母线三相电压同时多倍升高，最高升至 15kV，为正常电压的 2～3 倍，引发 10kV 系统谐振，造成多条 10kV 出线跳闸，且线路多点绝缘薄弱处击穿。

四、启示

（1）在 A 变电站增设接地选线装置，当发生接地故障时，保证调控员能在 15 分钟之内将故障隔离，而不再执行 2h 的规定，减少故障点的燃弧时间（也就减少了系统承受过电压的时间）。

（2）随着 10kV 出线电缆广泛使用，全电缆线路增多，线路容性电流偏高，根据配电网技术导则要求，当 10kV 线路容性电流超过 10A 以上时，可以考虑采用具有自动补偿功能的消弧线圈对容性电流进行跟踪补偿来降低接地电流。

案例4：线路断线故障事故分析

一、故障前运行方式

故障前天晴，110kV A 站 1 号、2 号主变压器分列运行，B 变电站 35kV 母线单母接线，如图 2 – 26 所示。

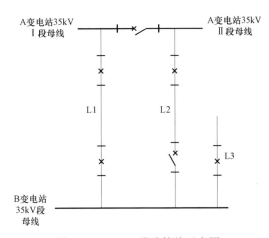

图 2 – 26　35kV 线路接线示意图

二、故障及处置经过

某年 11 月 10 日 00:54 A 变电站 35kV 母线电压异常，$U_a = 24.8\text{kV}$，$U_b = 18.56\text{kV}$，$U_c = 19.44\text{kV}$；B 变电站 35kV 母线电压异常，$U_{ab} = 18.83\text{kV}$，$U_{bc} = 36.56\text{kV}$，$U_{ac} = 17.75\text{kV}$，$U_a = 5.43\text{kV}$，$U_b = 18.56\text{kV}$，$U_c = 20.25\text{kV}$，10kV 系统电压异常，$U_{ab} = 9.01\text{kV}$，$U_{bc} = 8.8\text{kV}$，$U_{ac} = 0.39\text{kV}$，$U_a = 3.01\text{kV}$，$U_b = 6.1\text{kV}$，$U_c = 2.25\text{kV}$，值班调控员根据故障现象，判断 B 变电站主送线路 L1 线路运行异常，02:50 B 变电站拉开 L3 断路器、1 号主变压器 10kV 断路器、2 号主变压器 10kV 断路器、L1 断路器，02:55 令副值合上 B 变电站 L2 断路器、1 号主变压器 10kV 断路器、2 号主变压器 10kV 断路器、L3 断路器，B 变电站、A 变电站电压恢复正常。

三、故障原因及分析

因 B 变电站主供线路 L1 线 A 相断线，B、C 相正常，造成负荷侧中性点电压偏移，A 相电压为 B、C 两相电压相量和，U_{AB}、U_{AC} 电压下降；因主变压器为 Yd11 接线，10kV 母线电压 $U_a = (U_A - U_B)/n$，$U_b = (U_B - U_C)/n$，$U_c = (U_C - U_A)/n$，因此 B 相电压正常，A、C 相电压均降低。

四、启示

（1）根据电压情况快速判断为断线故障。

（2）故障处置时，应考虑是否具备合环条件。

案例 5：合环电流过大引起线路跳闸事故

一、故障前运行方式

如图 2-27 所示，35kV A 变电站上级电源来自系统 A，35kV B 变电站上级电源来自 110kV 系统 B。A 变电站 10kV 出线 L3 与 B 变电站 10kV 出线 L4 经 1 号柱上联络断路器联络。

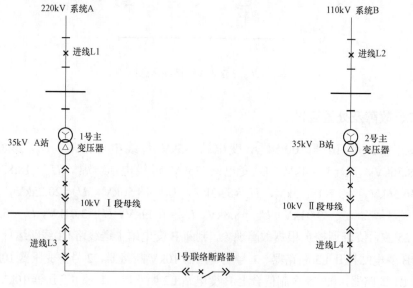

图 2-27　合环电流示意图

二、故障及处置经过

某年 6 月 17 日 10kV 出线 L3 有计划工作：08:00—17:00 35kV A 变电站 10kV

出线 L3 出线断路器停电，保护智能化改造。调度员下令合上柱上 1 号联络断路器时，10kV 出线 L3、L4 同时跳闸。

查明原因后调控员立即合上 10kV 出线 L4 断路器，恢复线路送电。

三、故障原因及分析

10kV 出线 L3、L4 分别属于不同的系统，两者合环时环流较大，合环前未进行合环电流计算是造成该事故的主要原因。

四、启示

（1）对合环电流较大的操作，操作前应进行计算试验。

（2）合环前进行电压调整。220kV 系统 A 主变压器阻抗大，与其他系统经 10kV 线路合环时，注意调整电压，并适当将 220kV 系统 A 的电压调高，有助于减小环流。

（3）如果 35kV 系统可合环，应将 A、B 站在 35kV 侧先合环。

（4）若调整后合环电流仍然过大，可在负荷低谷时停电转移负荷。

案例 6：站内 10kV 出线不同相接地造成线路跳闸

一、故障前运行方式

故障前天晴，110kV A 变电站 1 号主变压器、2 号主变压器分列运行，为小电流接地系统（见图 2-28）。

二、故障及处置经过

某年 1 月 15 日 9:55，110kV A 站 Ⅱ、Ⅲ 段母线接地告警（U_a = 10.24kV、U_b = 0.36、U_c = 9.86），9:57 10kV 出线 L1 过流 Ⅰ 段动作，重合成功。

处置经过：10:01 县调遥控拉开出线 L1 断路器，接地未消失，未送出出线 L1。10:05 县调遥控试拉 10kV 出线 L2，接地未消失，未送出出线 L2。10:07 县调遥控试拉 10kV 出线 L3，接地消失，电压恢复正常，信号恢复正常。10:10 县调遥控送出出线 L2，正常。10:12 县调遥控送出出线 L1，正常。

三、故障原因及分析

经查，故障原因：① 出线 L3 42 号杆用户变压器 B 相避雷器烧毁；② 出线

L1 15 号杆用户变压器 A 相避雷器击穿。L1 线跳闸原因为 110kV A 变电站 10kV 出线电流互感器只接了 AC 相，L3 线 B 相接地时电容电流经过 B 相流向大地，当 L1 线 A 相故障时系统形成 AB 相短路，故障电流经过 L3 线 B 相、L1 线 A 相、大地形成回路，应 L3 线 B 相无电流互感器，因此 L1 线跳闸，而 L3 线未跳。

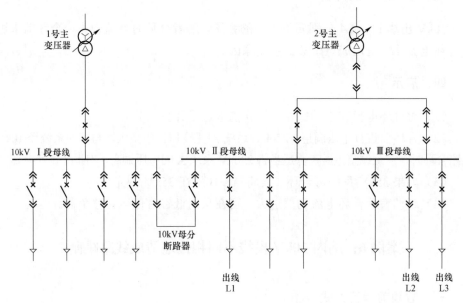

图 2-28　10kV A 变电站示意图

四、启示

（1）调控员在故障处理时犯了经验性错误，接地后跳闸，错误判断为跳闸线路接地。

（2）试拉跳闸线路接地未消失后，错误判断为两条线路同时接地，未对变电站方式进行调整，缩小查找范围。

案例 7：线路更换电流互感器后投产导致越级跳主变压器断路器

一、故障前运行方式

投产当天天晴，35kV A 变电站 1 号主变压器、2 号主变压器分列运行，如图 2-29 所示。

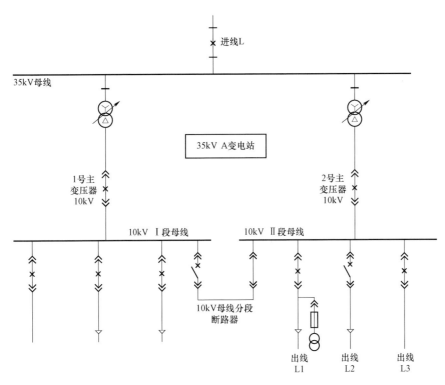

图 2-29　35kV A 变电站示意图

二、故障及处置经过

某年 2 月 1 日 9:30，35kV A 变电站出线 L1 更换电流互感器后投产，按照投产方案用出线 L1 断路器冲击一次，冲击时线路无负荷，冲击断路器为老断路器、保护试验结果可靠，9:31 合上出线 L1 断路器时 2 号主变压器低压侧后备保护动作，跳开 2 号主变压器 10kV 断路器，10kV Ⅱ 段母线失压。

处置经过：10:01 县调遥控拉开 10kV Ⅱ 段母线上其余出线断路器。10:05 县调通知检修人员前往联络线倒负荷（除出线 L1）。10:37 检修人员到达 A 变电站后手动紧急拉开出线 L1 断路器，查明故障情况和并隔离故障点后要求试送母线。10:40 县调遥控合上 2 号主变压器 10kV 断路器恢复母线送电。

三、故障原因及分析

故障原因：合上出线 L1 断路器送电时，电流互感器故障导致线路保护未动作越级跳主变压器断路器。

四、启示

（1）电流互感器、电压互感器投产冲击时，应做好越级跳闸后的事故处理预案，提前通知相关部门班组做好相应准备工作。

（2）合理安排冲击方式，管控风险，尽可能做到故障时影响最小。

案例 8：10kV 线路单相接地故障

一、故障前运行方式

A 变电站 1、2 号主变压器并列运行，10kV 1 号电容器运行，无小电流接地选线装置（见图 2−30）。

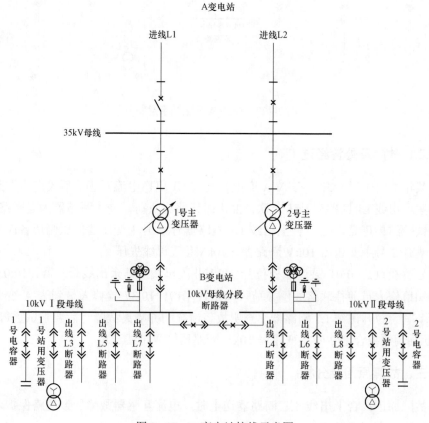

图 2−30　A 变电站接线示意图

二、故障及处置经过

某日 15:00A 站 10kV 母线单相接地发信，$U_a = 0.2kV$、$U_b = 10.3kV$、$U_c = 10.3kV$。

处置经过：15:01 县调遥控拉开 10kV 母分开关，10kVⅡ段母线电压恢复正常，10kVⅠ段母线电压 $U_a = 0.2kV$、$U_b = 10.3kV$、$U_c = 10.3kV$。15:05 县调遥控拉开 1 号电容器开关，电压不变。15:05 县调遥控拉开出线 L3 断路器，电压不变，该线路为空载线路。15:05 县调遥控拉开出线 L5 断路器，电压不变，该线路为线路长、分支多。15:07 县调通知出线 L7 上小水电停机后，遥控拉开出线 L7 断路器，接地信号复归，电压恢复正常。15:08 县调遥控合上出线 L5 断路器、出线 L3 断路器，电压正常。15:10 县调通知出线运维人员 L7 巡线，告知接地电压，线路热备用，不得上杆。15:11 县调通知配网抢修指挥中心发布故障停电信息。

三、故障原因及分析

经查，故障原因为出线 L7 上 11 号杆 A 相引线断线搭横档上；16:00 县调令 A 变电站出线 L7 改线路检修后许可运维人员出线 L7 抢修。

四、启示

（1）对没有小电流接地选线的变电站，要遵循调规所列拉接地原则。
（2）接地有一定概率存在两条线路同相接地，应将所有出线拉停后，分路试送。
（3）故障线路要及时做好停电信息发布。

案例 9：110kV 变电站 10kV 母线多条线路单相接地故障

一、故障前运行方式

110kV A 变电站正常运行方式，10kVⅠ、Ⅱ段母线分列运行，无异常天气（见图 2-31）。

二、故障及处置经过

某年 4 月 27 日 08:30，调控交接班时接到高铁高压配电电话，高压配电内复合序电压异常；检查 A 变电站 10kVⅠ段母线三相电压正常，有消弧线圈动作复归信号。查阅全告警信息，该信号从 05:40 分开始，无电压异常及接地信号。

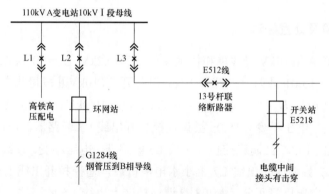

图 2-31　A 变电站接线示意图

09:57，A 变电站发生 10kV Ⅰ 段母线单相接地，$U_a = 9.92\text{kV}$，$U_b = 0.46\text{kV}$，$U_c = 10.28\text{kV}$（B 相）。

10:02，高铁高压配电汇报高压配电母线电压异常，通知高铁高压配电 A 变电站发生 10kV Ⅰ 段母线单相接地，要求 L1 线路倒负荷。

10:03，调控当值询问配抢配网监测 A 变电站有无异常告警信息，回复无故障信息。

10:08，调控当值安排线路试拉接地，当拉开 L2 线路后，A 变电站 10kV Ⅰ 段母线电压变为 $U_a = 4.08\text{kV}$，$U_b = 6.26\text{kV}$，$U_c = 7.85\text{kV}$；A 相接地存在，接地信号未复归，继续试拉接地；通知城区所对 L2 线路巡视。

10:30，城区所汇报 L2 线路故障点为环网站 G1284 线路有钢管压到 B 相导线，同时隔离环网站 G1284 线路后，城区所恢复 L2 主线送电。调控当值决定在 A 变电站接地故障消除后安排线路恢复。

10:38，调控当值拉开 L3 断路器 A 变电站 10kV Ⅰ 段母线接地消失。通知城区所对 L3 线路巡视。

10:39，恢复 A 变电站 L2 线路，情况正常。

11:00，城区所汇报已拉开 E512 线 13 号杆联络断路器要求试送 L3 主线，同时汇报开关站附近有施工，该处电缆可能存在故障，通知变电运检班到开关站巡视。

11:03，A 变电站合上 L3 断路器，情况正常。

11:25，变电运检班现场检查发现开关站 E5218 线路电缆中间接头有击穿痕迹，开关站 E5218 线路改检修。

12:02，经查 E512 线路无其他异常，下令合上 E512 线路 13 号杆联络断路器，情况正常。

12:28，环网站 G1284 线路故障点处理完毕恢复送电。

19:31，开关站 E5218 线路故障点处理完毕恢复送电。

三、故障原因及分析

05:40 A 变电站发现 1 号消弧线圈动作复归，10kV Ⅰ 段母线可能存在轻微接地，在与高铁高压配电电话交流过程中该用户显示 $3U_0$ 电压约 16V（低于接地告警值），05:40 至 09:57 之间 A 变电站 1 号消弧线圈频发动作复归为消弧线圈正常动作信号，9:57 环网站 G1284 线路有钢管倒在线路上后引起永久性单相接地，10:18 在隔离 L2 线路后该段母线仍存在接地，可能由于 10kV Ⅰ 段母线单相接地非接地相电压升高导致同系统内其他线路（开关站 E5218 线路）绝缘薄弱点击穿导致二次接地，二次接地电压变化现象不明显。

四、启示

本次事故暴露出的主要问题及防范措施：

（1）A 变电站 10kV Ⅰ 段母线上多条线路设备存在绝缘不良或绝缘老化等问题，一旦发生故障跳闸或接地易导致同母线其他线段发生二次故障，经统计该年 4 月 A 变电站 10kV Ⅰ 段母线上已发生四条次不同线路故障，建议供电所对 A 变电站及城区配网线路设备开展专项排查。

（2）调控员在处理同类型故障时需及时查看接地信号变化情况，一旦接地信号发生变化极有可能就是同母线多条线路非同名相接地。

（3）两次接地故障查找期间因期中一条故障点已隔离需要恢复送电，调控员需要完全排除同母线所有接地线路，防止因试送导致该母线其他线路发生无选择性跳闸。

案例 10：10kV 线路故障跳闸

一、故障前运行方式

110kV A 变电站正常运行方式，7212 线路主供南部山区，线路状况较差，当日天气有短时雷雨大风。

二、故障及处置经过

某年 8 月 21 日 15:45，A 变电站 7212 过流 Ⅱ 段保护动作，断路器跳闸重合失败，县调通知供电所开展巡线，通知操作班到 A 变电站检查。

16:02，供电所运维人员汇报已拉开 7212 线路 42 号杆分段断路器，要求试送主线。

16:03，县调试送 A 变电站 7212 线路，后加速保护动作断路器跳闸。告供电所 7212 线路试送失败。

16:37，供电所运维人员汇报 7212 线路 12 号杆有遮阳布绕住导线，现已处理要求试送（见图 2-32）。

16:39，A 变电站 7212 线路 42 号杆前段试送成功。

17:02，操作班到 A 变电站检查 7212 线路过流 II 段保护动作断路器跳闸重合失败。

17:28，供电所运维人员汇报 7212 线路 42 号杆后段巡视无明显故障点，要求试送 7212 线路 42 号杆分段断路器。

17:31，A 变电站 10kV II 段母线发生单相接地，当值调控员通知供电所运维人员要求拉开 7212 线路 42 号线路分段断路器。

17:35，供电所运维人员汇报 7212 线路 42 号杆分段断路器已拉开，同时接地消失，当值调控告供电所运维人员试送 7212 线路 42 号杆分段断路器引起接地一事，要求组织查线。

21:14，供电所运维人员汇报 7212 线路 86 号杆支线断路器 A 相避雷器击穿，经处理后要求试送 7212 线路 42 号杆分段断路器，试送情况正常。

三、故障原因及分析

A 变电站 7212 线路故障跳闸的主要原因是同线路不同地点两点接地短路引起故障跳闸。A 变电站 7212 线路示意图如图 2-32 所示。

四、启示

本次事故暴露出的主要问题及防范措施：

（1）供电所故障巡视不到位，没有认真开展全线路巡视，想当然认为线路过流 II 段保护动作故障点就一定在线路后段；当前段试送成功后，后段因故障点较为隐蔽没有找到，造成试送引起单相接地。

（2）调控员在处理同类型故障时，需问清楚供电所对线路是否已开展巡视并汇报查无故障方可试送，没有经过故障查线只能视为强送。

（3）7212 线路 42 号杆后段单相接地，一般采取分段隔离逐段试送的原则，缩短故障查找时间。

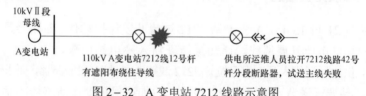

图 2-32　A 变电站 7212 线路示意图

案例 11：线路过电流 I 段保护动作，造成线路失电

一、故障前运行方式

故障前天阴大风，35kV A 变电站出线 L1 与 B 变电站出线 M1 手拉手，分段断路器为断路器 3（见图 2-33）。

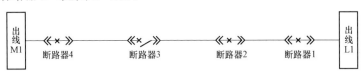

图 2-33　A、B 变电站联络线示意图

二、故障及处置经过

某年 4 月 10 日 13:34，35kV A 变电站出线 L1 过电流 I 段动作，重合失败。

处置经过：13:35 县调告配抢值班员停电情况，告运维人员派两组人，一组到断路器 2，一组到断路器 3；告 A 变电站运维人员前往 A 变电站检查设备。

14:03 运维人员拉开断路器 2，14:06 运维人员合上断路器 3，送出后段负荷，县调告知线路运维人员线路热备用，要求带电巡线；14:48 线路运维人员汇报县调出线 L1 线路 13～14 号杆之间大树枝被吹断压在导线上；15:13 抢修结束，恢复正常运行方式。

三、故障原因及分析

故障原因出线 L1 线路 13～14 号杆之间大树枝被吹断压在导线上。

四、启示

出线 L1 经过保护整定，过流一段保护范围不超过断路器 2，因此在故障处理中，优先考虑恢复后段负荷（前段负荷较少，后段负荷较多）。

案例 12：线路过电流故障事故分析

一、故障前运行方式

故障前天晴，110kV A 变电站 1 号主变压器、2 号主变压器分列运行，为小电流接地系统。

二、故障及处置经过

某年 6 月 23 日 16:19 A 变电站 10kV Ⅱ 段母线电压异常 $U_a = 0.35$，$U_b = 10.13$，$U_c = 10.24$；查看四区主站系统未发现信号，16:25 A 变电站发 L3 线路接地动作及 L2 线路接地动作，16:26 值班调控员试拉 L3 线，电压无变化，16:28 送出，16:29 试拉 L2 线，电压无变化，16:30 送出；16:31 试拉 L1 线，电压恢复正常，值班调控员送出后，告供电所 L1 线 A 相接地，要求派两组抢修人员进行分段试拉穿好绝缘靴，戴好绝缘手套后前往现场。16:41 A 变电站 L1 线过流 Ⅰ 段动作，重合失败，县调告配抢中心进行故障研判，查看四区主站系统，LZ1 支线 02 号杆故障指示器动作，并告知供电所，派人到 LZ1 支线拉开 0 号杆断路器，17:02 供电所汇报县调故障点为 LZ1 支线厂里配电柜着火，17:06 县调许可供电所拉开 LZ1 支线断路器后进行试送 L1 线（见图 2–34）。

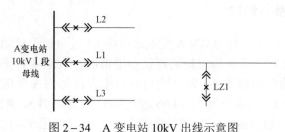

图 2–34　A 变电站 10kV 出线示意图

三、故障原因及分析

因 L1 线 LZ1 支线用户产权厂里配电柜着火，引起 L1 线接地，而后故障跳闸。

四、启示

（1）采用"保供再抢"新模式处理接地故障。

（2）故障处置时，充分利用配电自动化系统故障指示器动作情况，快速隔离故障。

案例 13：电缆头着火，线路接地故障事故分析

一、故障前运行方式

故障前天晴，110kV A 变电站 1 号主变压器、2 号主变压器分列运行，为小

电流接地系统（见图2-35）。

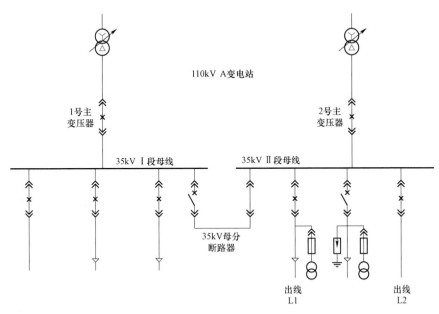

图2-35 A变电站接线示意图

二、故障及处置经过

某日 11:05 A 变 35kV Ⅱ 段母线电压异常 $U_{ab}=36.6$，$U_a=36.4$，$U_b=3.8$，$U_c=33.7$；判断为 B 相单相接地故障，35kV Ⅱ 段母线上只有 2 条出线间隔，均为专线，11:09 县调联系 L1 专线用户，用户回复厂里无人操作，11:10 运维站人员告县调：L2 出线电缆头着火。11:11 县调告地调 L2 出线电缆着火，为避免事故扩大，将立即拉停 L2，地调同意；同时县调告 L2 机组停机，线路将立即拉停；11:14 县调值班拉开 L2 断路器；并告知地调和 L2 专线。

三、故障原因及分析

变电站出线电缆上行到 1 号杆的电缆头着火，导致 35kV Ⅱ 段母线 B 相接地。

四、启示

接地故障从发生到隔离总共耗时 10min，原因是运维人员发现故障点并及时汇报，避免了试拉环节。

案例 14：110kV 单相断线故障

一、故障前运行方式

故障前阴天，110kV A 变电站 L1 线正常运行送 B 变电站负荷，110kV 系统不接地。

二、故障及处置经过

某年 7 月 23 日 17:20，A 变电站 L1 线 B 相故障跳闸，距离 I 断动作，断路器跳闸，重合成功，B 相电流为 0，A、C 相正常。B 变电站 110kV I 母电压异常 U_a: 65.1kV，U_b: 33.0kV，U_c: 65.2kV，U_{ab}: 52.0kV。B 变电站 110kV 系统不接地。

18:25 待 B 变电站人员到现场，地调将 A 变电站 L1 改线热备用，通过 110kV 备自投装置将 B 变电站负荷倒至 C 变电站供电。

18:45 地调通知输电运检室，许可其对相关线路进行带电巡线。

三、故障原因及分析

故障原因：经巡线发现 L1 线某铁塔上跳线 B 相断线，并垂在空中，未与铁塔和地发生触碰，造成一相断线的事故。

（一）断相常见现象

1. 接地系统

（1）供电侧三相电压维持不变。

（2）受电侧 A 相电压为 $\dfrac{Z_{11} - Z_{00}}{Z_{11} + 2Z_{00}} \dot{E}_a$，B、C 相电压不变。

（3）回路中有零序电流流过，零序电流值为 $-\dfrac{1}{Z_{11} + 2Z_{00}} \dot{E}_a$，中性点电流为 $-\dfrac{3}{Z_{11} + 2Z_{00}} \dot{E}_a$，电压为 $\dfrac{-3Z_{00}}{Z_{11} + 2Z_{00}} \dot{E}_a$。

其中 Z_{11} 表示系统正序阻抗，Z_{22} 表示系统负序阻抗，Z_{00} 表示系统零序阻抗，$\dot{E}_a$ 表示系统电压。

2. 不接地系统

（1）单线断相处供电侧三相电压保持不变。

（2）单线断相处受电侧断线相电压幅值变为额定值的一半，方向与原方向相反，另外两相电压保持不变。

（3）110kV 主变压器中性点电压为额定电压幅值的一半，方向和断线相相电势相反。

（4）110kV 主变压器（$\curlyvee/\triangle-11$ 接线）低压侧两相电压幅值均为额定幅值的一半，另外一相幅值不变。

（5）110kV 主变压器高压侧断线相电流为 0，另外两相电流方向相反，大小均为额定电流幅值的 $\dfrac{\sqrt{3}}{2}$。

（6）110kV 主变压器低压侧两相电流幅值为额定幅值的一半，方向相同。另一相电流幅值不变，方向与之相反。

（二）断相运行对保护的影响

1. 对距离保护的影响

单相断线时，供电侧三相电压维持不变，健全相电流的绝对值为：

$$\left|\dot{I}_{\text{B}}^{(1,1)}\right|=\left|\dot{I}_{\text{C}}^{(1,1)}\right|=\sqrt{1-\frac{(Z_{00}-Z_{11})(Z_{00}+2Z_{11})}{(Z_{11}+2Z_{00})^2}\cdot\left|\dot{I}_{1\text{oa}\cdot\text{A}}\right|}$$

当 $Z_{00}>Z_{11}$ 时，非故障相电流减小；当 $Z_{00}=Z_{11}$ 时，非故障相电流不变；当 $Z_{00}<Z_{11}$ 时，非故障相电流增大，且 Z_{00} 越小增加得越多。对一般的 110kV 系统，Z_{11} 和 Z_{00} 数值较接近，非故障相电流与断相前电流相比没有大的变化。

断相后，对 110kV 线路距离保护而言，既无低电压又无大电流，影响较小。

2. 对零序过流保护的影响

（1）断相处两侧若没有接地中性点，则零序电流不能流通，此时因 $Z_{00}\to\infty$，则零序电流→0。

（2）当线路末端 110kV 主变压器中性点接地时，单相断相流过系统侧 110kV 线路保护的零序电流为：

$$\dot{I}_{\text{A0}}^{(1,1)}=\dot{I}_{\text{A0}}'^{(1,1)}=-\frac{\dfrac{1}{Z_{00}}}{\dfrac{1}{Z_{11}}+\dfrac{1}{Z_{22}}+\dfrac{1}{Z_{00}}}\times\dot{I}_{1\text{oa}\cdot\text{A}}$$

$3I_0=0.999\sim1.014I_{1\text{oa.A}}$。零序电流约等于断相故障前负荷电流。

（三）断线运行小结

（1）在单相断线的情况下，不能合主变压器 110kV 中性点接地开关。

（2）断线相各序电流均与断线前负荷电流成正比。

（3）线路断相，对 220kV 电网及低压用户影响较大，对 110kV 电网影响不大。

（4）单相断线后，对 110kV 线路距离保护影响不大。

（5）线路断线对 110kV 不接地系统的零序保护不影响；对 110kV 接地系统的零序保护影响较大，若受电段 110kV 主变压器中性点接地，且断相前负荷较重，可能会造成 110kV 线路保护动作。

四、启示

（1）单相断线故障，隐蔽性较强，表面上可能对电网无影响，但其隐患较大，应通过受电侧电压、电流来判定，及早处理。

（2）在单相断线的情况下，110kV 主变压器中性点电压为额定电压幅值的一半，方向和断线相相电势相反，因此，禁止拉合主变压器 110kV 中性点接地开关。

（3）单相断线对 110kV 不接地系统保护无影响；对 110kV 接地系统零序保护有影响，尽量减少此线路潮流。

（4）在断相时进行合环操作，会使原本无法流通的零序电流获得了通路，可能造成线路保护动作。尽量不采取合环方式热倒负荷。

（5）单相断线时，110kV 备自投应可靠动作。可以通过拉开送电端线路，进行 110kV 备自投冷倒负荷。

（6）调控员应将断线线路作为停用设备考虑，做好"$N-2$"故障预案。

（7）因线路断相后保护装置可能不动作，且无任何告警信号，建议在保护或 SCADA 系统中加入线路断线相应判据。

第四节　容抗器和避雷器故障

案例 1：因消弧线圈补偿容量不够引起接地变压器跳闸事故

一、故障前运行方式

如图 2-36 所示，35kV A 变电站 1 号主变压器带 10kV Ⅰ 段母线，共有 3 条出线 L3、L4、L5，负荷 2MW；2 号主变压器带 10kV Ⅱ 段母线，有 1 条出线 L6，负荷 0.2MW。10kV 分段断路器断开。10kV Ⅰ、Ⅱ 段母线分段备投投入。10kV 1

号接地变压器经消弧线圈接地。

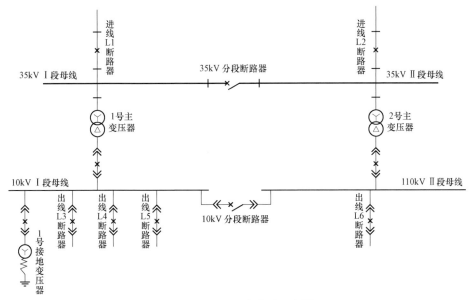

图 2-36　35kV 变电站示意图

二、故障及处置经过

自 10kV Ⅰ 段母线新增 2 条较长电缆线路 L4、L5 后，只要 10kV Ⅰ 段母线发生金属性单相接地，1 号接地变压器随即会跳闸。接地线路拉停后，送出 1 号接地变压器。

三、故障原因及分析

新增 2 条较长电缆线路后，导致 10kV 系统对地电容电流大幅增加，消弧线圈即使满档运行业无法补偿系统接地电容电流，造成残流过大，超过接地变压器过流保护定值，接地变压器跳闸。

四、启示

（1）大规模电缆线路改造，造成系统电容电流显著增大后，应同时考虑接地变压器及消弧线圈容量是否满足过补偿要求。

（2）接地变压器及消弧线圈容量增容，达到过补偿要求。

（3）线路增加两段式零序电流保护。

案例 2：10kV 电容器故障跳闸

一、故障前运行方式

110kV A 变电站正常运行方式，1～4 号电容器正常运行方式，自动电压无功控制系统投自动控制（见图 2-37）。

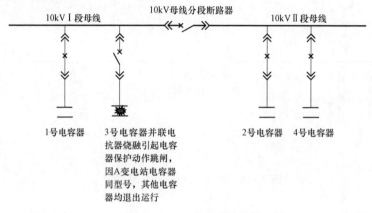

图 2-37 A 变电站接线示意图

二、故障及处置经过

某年 7 月 23 日 08:48，A 变电站 3 号电容器保护动作，断路器跳闸，县调通知操作班到 A 变电站检查，监控操作将自动电压无功控制系统控制 A 变电站 3 号电容器策略改为手动控制。

10:25，变电站现场检查汇报 A 变电站 3 号电容器并联电抗器有烧融痕迹，同时 1、2 号电容器（在运行状态）有较大异响声，4 号电容器热备用，该变电站 4 台电容器均为同型号同厂家，建议先退出运行。

10:27，监控操作将自动电压无功控制系统控制 A 变电站 1、2、4 号电容器策略改为手动控制，同时拉开 A 变电站 1、2 号电容器断路器。

11:18，A 变电站 3 号电容器改检修，检修人员检查发现 3 号电容器并联电抗质量存在问题，并已联系厂家处理。

13:48，运维人员检查 A 变电站其他电容器，确认 1、2 号电容器短时无法投运，4 号电容器可以投运。

三、故障原因及分析

A 变电站 10kV 电容器断路器故障跳闸的主要原因是电容器组并联电抗质量较差，同型号 4 组中发现 3 组不满足继续投运要求，该电容器一旦长时间投运极易发生并联电抗发热烧融导致跳闸。

四、启示

本次事故暴露出的主要问题及防范措施：

（1）针对该电容器组故障，经核查为设备质量原因引起。

（2）调控员在处理同类型故障时，需问清楚同类型电容器检查情况作出相应运行方式及自动电压无功控制系统策略调整，悬挂"禁止合闸标示牌"，防止出现自动电压无功控制系统误投及人工误投。

案例 3：避雷器着火引起 10kV 线路单相接地故障且接地选线错误

一、故障前运行方式

A 变电站 1、2 号主变压器并列运行，10kV 2 号电容器运行，有接地选线装置（见图 2–38）。

二、故障及处置经过

某年 12 月 16 日 18:35 A 变电站 10kV Ⅰ、Ⅱ 母线电压异常，$U_a = 8.91\text{kV}$，$U_b = 11.1\text{kV}$，$U_c = 2.32\text{kV}$，$U_{ab} = 10.44\text{kV}$；接地选线结果为 Ⅱ 段母线出线 L6 接地。

处置经过：18:39 县调遥控拉开 10kV 母分断路器，10kV Ⅱ 段母线电压恢复正常，10kV Ⅰ 段母线电压仍然异常。18:42 县调遥控拉开出线 L3 断路器，电压不变，该线路为线路长、分支多。18:43 县调接到供电所电话告知有群众反映出线 L7 某支线有设备着火，县调告知供电所，线路带接地运行，要求穿好绝缘靴、戴好绝缘手套，前往 L7 某支线确认故障点并汇报。15:45 县调合上出线 L3 断路器。19:08 供电所告我故障点为出线 L7 某支线 3 号杆避雷器击穿着火，19:10 拉开出线 L7 某支线 1 号杆分路熔丝，电压恢复正常，许可抢修工作。19:11 县调通知配网抢修指挥中心发布故障停电信息。19:12 合上母线分段断路器恢复正常运行方式。

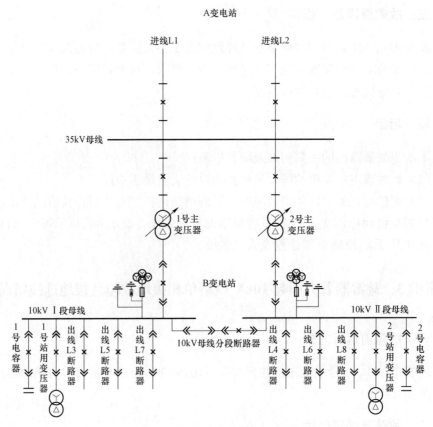

图 2-38 A 变电站接线示意图

三、故障原因及分析

经查，故障原因为出线 L7 某支线 3 号杆避雷器击穿着火；县调令供电所人员将出线 L7 某支线 1 号杆分路熔丝拉开后许可抢修工作。

四、启示

（1）A 变电站选线准确率不高，一般先通过母线解列缩小接地线路范围。

（2）要遵循调规所列拉接地原则，确定接地线路后及时恢复供电，带接地运行 2h，必须告知供电所人员线路状态并要求做好防护措施。

（3）停电线路要及时做好停电信息发布。

案例4：10kV 2号电容器多次熔丝熔断事故分析

一、故障前运行方式

故障前天晴，110kV A变电站1号主变压器、2号主变压器分列运行（见图2-39）。

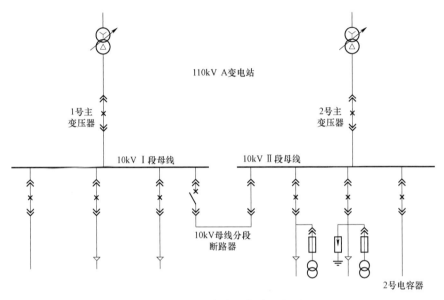

图2-39 A变电站接线示意图

二、故障及处置经过

某年7月2日，监控员监视发现A变电站2号电容器因电容器不平衡电压动作，2号电容器断路器事故分闸，后经变电站现场检查发现故障原因为2号电容器组熔丝熔断，更换2号电容器组熔丝后恢复正常；9月5日，监控员监视发现A变电站2号电容器因电容器不平衡电压动作，2号电容器断路器事故分闸，后经变电站现场检查发现故障原因为2号电容器组熔丝熔断，更换2号电容器组熔丝后汇报调控中心2号电容器具备送电条件。监控员分析2号电容器组熔丝更换后，2号电容器现场未发现熔丝熔断的原因，变电运维人员汇报具备送电条件，但2号电容器组熔丝熔断的原因不明，鉴于7月2号电容器组熔丝已熔断过，判断 2 号电容器再次投运后熔丝可能再次熔断，经监控员查看 2 号电容器参数，发现该电容器电抗率为 0.1%，无抑制谐波功能。根据电容器容抗计算公式：$X_c = 1/(2\pi fC)$（其中：X_c 代表容抗、f 代表频率、C 代表电容量），因此当谐波电流流过电容器后，其对应的容抗比工频电流低得多，从而流过的谐波电流也较大，容易引起电容器熔丝熔断，经 A 变电站 2 号电容器组进行整体改造，更换额定电抗率为 5% 的电容器后恢复正常。

三、故障原因及分析

A 变电站 2 号电容器电抗率为 0.1%，无抑制谐波功能。

四、启示

（1）查看其他变电站电容器电抗率是否有抑制谐波功能。
（2）熔断原因不明，需及时寻找各专业部门共同探讨熔丝熔断原因。

第五节　断路器故障

案例 1：A 变电站 1 号电抗器断路器异常分闸事件分析

一、故障前运行方式

A 变电站 1 号电抗器为油浸式电抗器，电抗器断路器为真空断路器，正常运行时自动电压无功控制系统（AVC）投切 1 号电抗器功能投入。

二、故障及处置经过

1 月 21 日 14:05 A 变电站巡视发现 1 月 16 日 A 变电站 1 号电抗器过流 I 段动作，故障相别 B、C 相，二次故障电流 40.19A，现场检查 1 号电抗器断路器柜上方铝排 B、C 相支持瓷瓶有点黑。检查 OPEN3000 信号如下：

2019 年 1 月 16 日　08:02:31 A 变电站 1 号电抗器断路器控分成功（AVC）；
08:02:33 A 变电站 1 号电抗器断路器遥控预置分（AVC）；
08:02:37 A 变电站 1 号电抗器断路器遥控执行分（AVC）；
08:02:39 A 变电站 1 号电抗器断路器分闸（遥控）；

08:02:40 A 变电站 1 号电抗器保护动作动作；

08:02:40 A 变电站 1 号电抗器保护动作复归；

08:02:41 A 变电站全站事故总信号动作；

08:02:41 A 变电站全站事故总信号复归。

1 月 20 日　21:52:15 A 变电站 1 号电抗器断路器控合成功（AVC）；

21:52:18 A 变电站 1 号电抗器断路器遥控预置合（AVC）；

21:52:22 A 变电站 1 号电抗器断路器遥控执行合（AVC）；

21:52:24 A 变电站 1 号电抗器断路器合闸（遥控）。

1 月 21 日　07:32:16 A 变电站 1 号电抗器断路器控分成功（AVC）；

07:32:20 A 变电站 1 号电抗器断路器遥控预置分（AVC）；

07:32:22 A 变电站 1 号电抗器断路器遥控执行分（AVC）；

07:32:26 A 变电站 1 号电抗器断路器分闸（遥控）。

14:15 A 变电站现场汇报上述情况，调控员立即核查信号及 AVC 系统，发现 A 变电站 1 号电抗器 AVC 仍在投运状态，并在 20～21 日投/退了一次，调度即下令将 A 变电站 1 号电抗器 AVC 退出，并通知变电运检室去 A 变电站检查。

15:14 发令将 A 变电站 1 号电抗器开关及电抗器改检修（16:34）。

16:36 许可 A 变电站 1 号电抗器缺陷处理工作开始。

1 月 22 日 11:05 因安全距离不够，将 A 变 1 号所用变改检修（11:47）。

13:33 A 变汇报更换 1 号电抗器开关柜上 B、C 两相支持瓷瓶和金具，1 号电抗器可复役。随后发令将 A 变电站 1 号站用变压器改运行，1 号电抗器开关及电抗器改热备用（14:52）。

三、故障原因及分析

经分析，A 变电站 AVC 远方切 1 号电抗器开关过程中由于操作过电压造成 1 号电抗器开关柜上方 B、C 相绝缘子间空气绝缘击穿，引起 1 号电抗器过流 I 段保护动作，由于 1 号电抗器分闸为 AVC 遥控分闸，并非保护动作分闸，因此告警窗并未发 1 号电抗器开关间隔事故信号，只发了 1 号电抗器保护动作及全站事故总信号。

四、启示

（1）AVC 设置时未将保护动作信号作为闭锁信号，而是采的 1 号电抗器开关间隔事故信号作为闭锁信号，因此 AVC 没有闭锁 1 号电抗器开关。

（2）值班调控员在发现 A 变电站 1 号电抗器开关分闸（遥控）、1 号电抗器保护动作/复归、全站事故总告警动作/复归信息，认为是 AVC 正常遥控分闸，1 号电抗器保护动作复归、全站事故总告警动作复归是遥控分闸带出来的信息，导致重要监控信号漏监。

1）学习 A 变电站 1 号电抗器开关异常分闸事件，吸取教训，不放过当值期间任何重要的监控信息。要充分利用视频监控系统、远程故障录波系统，通过辅助手段来加强对信号的研判。

2）提高监控日分析质量，做好监控信息的核查、确认，重点对前日事故、异常信息开展准实时分析，对于有疑问的信息要做到询问清楚，不放过任何有疑问信息。加强监控信息全面巡视，特别是异常动作未复归信息的梳理，针对遗留异常信息要做到跟踪闭环。

3）举一反三，开展业务技能培训，通过该事件教训提高调控员的职业敏感性和工作责任心，严肃调控纪律，杜绝管理上的漏洞。

4）对 AVC 内变压器、容抗器的闭锁信号进行重新梳理、审核和配置，提高闭锁准确性。

案例 2：A 变电站 3163 断路器异常分闸事件报告

一、故障前运行方式

3163 线路两侧断路器正常方式应为：A 变电站侧运行，B 变电站侧热备用，如图 2-40 所示。

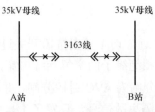

图 2-40　3163 线路运行方式

二、故障及处置经过

11 月 21 日 15:25，地调通知县调：要求核对 3163 线路两侧断路器（监控显示 3163 线路两侧断路器均在分位，无断路器变位闪烁，正常方式应为 A 变电站侧运行，B 变电站侧热备用）。

15:26，县调核对操作票发现 3163 线路在 6 月 26 日安排线路计划检修，其中 B 变电站侧 13:32 改为热备用，13:44 A 变电站侧改运行状态。

15:28，核对监控系统告警查询，如下：

6 月 29 日 8:59:53：A 变电站全站事故总信号动作；

6 月 29 日 9:00:01：A 变电站全站事故总信号复归；

6 月 29 日 9:01:01：A 变电站 3163 断路器分闸；

15:32，县调通知运维班到 A 变电站检查 3163 间隔；

15:45，县调通知输电运检班安排 3163 线路特巡；

16:27，运维班 A 变电站现场检查汇报：A 变电站 3163 断路器在分位，装置运行灯正常，6 月 29 日 8:59 3163 线路保护启动，无故障动作电流，无保护出口跳闸信息，无间隔其他异常或动作信息。6 月 29 日 8:59，3163 保护测量装置发生重启（查询当天当地地区有雷暴，但 A 变电站所辖线路无其他相关跳闸记录）。

16:33，运维班 A 变电站现场检查 1 号主变压器 35kV 后备保护有启动，但无故障电流等信息；

16:41，县调汇报地调：已通知线路特巡，同时要求变电运检室现场检查；

19:56，A 变电站 3163 断路器改检修，许可保护测量装置检查工作；

20:36，县调下令输电运检班汇报 3163 线路巡视无异常；

20:39，县调许可 A 变电站 3163 线路保护试验开始并汇报；

00:20，A 变电站汇报 3163 线路各项保护试验正常（断路器模拟传动试验），但现场后台机无保护试验信息（调度台试验信号有，调控云平台向手机推送试验跳闸信息有两条），检修人员询问厂家，可能存在保护自动重启的状况，无法确认保护动作情况是否已记录。经试验合格，3163 断路器可以复役；

00:22，A 县调下令变电站正令：① 3163 重合闸由跳闸改信号；② 3163 断路器由冷备用改运行；③ 3163 重合闸由信号改跳闸；

11 月 22 日 00:43，操作完毕，情况正常；

10:45 县调下令 A 变电站 3163 重合闸改信号；

10:46 县调许可输电运检班带电登杆检查；

16:19 输电运检班汇报：3163 线 33 号杆 A/C 相、84 号杆 C 相、85 号杆 C 相绝缘子遭雷击（均为单片，暂不影响线路运行）。

三、故障原因及分析

1. 设备检查情况

（1）变电站侧检查。A变电站3163断路器在分位，装置运行灯正常，6月29日08:59，3163线路保护启动，无故障动作电流，无保护出口跳闸信息，无间隔其他异常或动作信息。6月29日08:59，3163线路保测装置发生重启（查询当天当地地区有雷暴，但A变电站所辖线路无其他相关跳闸记录）。

（2）检修人员现场检查、试验情况。现场保护装置检查发现，6月29日08:59装置有启动信号，系统重启信号报告。

根据厂家提供的情况说明：装置处理录波时发生异常具有随机性，有1%~2%的概率造成堆栈溢出，溢出后就会出现后续的系统重启（但时间具有不确定性，和严重异常发生的时刻有关；是随着某些函数的异常调度发生后，才引发的重启，类似如103规约总查询、保护再次动作等）。

11月21日晚，检修人员对3136线路保护进行检验，带断路器传动试验，保护动作情况正常，跳闸报告正确，县调监控可收到完整跳闸报告，现场共进行了4次整组试验，情况均正常。

在对A变电站其他35kV线路保护历史报告检查中发现，系统重新启动信号也多次发生。

（3）线路通道现场检查。20:36，输电运检班汇报3163线路巡视无异常。22日白天要求输电运检班再次检查。16:19，3163线33号杆A/C相、84号杆C相、85号杆C相绝缘子遭雷击（均为单片，暂不影响线路运行）。

2. 故障原因及分析

（1）经与厂家技术人员联系，类似现象在其他公司也曾发生。原因为装置保护启动后，开始形成录波文件，录波文件形成之后开始上送录波列表，公共端口收到录波列表之后开始向CPU召唤录波数据。由于录波文件的大小不同及召唤录波时任务堆栈空间多少不同，可能造成堆栈溢出。堆栈溢出会造成某些数据（堆栈内存地址附近），如指针、函数返回地址等被改写，当系统异常中断，服务程序监测到严重异常发生时会立即执行系统重启。根据上述原因分析，本次跳闸过程为6月29日上午8:59:51，3136线路故障，保护动作跳开3136断路器，在保护生成跳闸报告的过程中，上送录波文件导致堆栈溢出，保护装置重启。因保护装置系统重启，重合闸来不及动作，保护动作信号在重启过程中丢失。查看1号主变压器35kV侧后备保护报告，该时间点有保护启动信息，可以印证3136线路确实存在故障。

（2）3163 线是 A 变电站与 B 变电站之间的 35kV 联络线，正常运行方式下 A 变电站侧为运行状态，B 变压器侧为热备用状态。查询 6 月 29 日当日值班记录，07:55～09:20，该县域内发生 12 条次 10kV 线路故障跳闸、1 条线路单相接地情况，未记录到有 35kV 线路故障跳闸。6 月 29 日当值县调监控在记录事故跳闸中，因当日其他告警信息极多（07:50～09:00 合计信号数 1645 条），并没有第一时间发现 A 变电站 3163 断路器分闸信息，且该动作信息不全，造成重要信号漏监，此后监控巡视并没有发现 A 变电站 3163 断路器两侧均在热备用状态的不正常运行方式，造成运行方式存在重大隐患。

四、启示

（1）县调全体调控员深刻学习 A 变电站 3163 间隔断路器异常分闸事件，从该事件中深刻剖析当前调控员在履行监控职责的过程中检讨监控工作规范性是否执行到位，在监控工作中是否严格执行逐条信息核对，确认并开展异常分析。以此为延伸，加强监控员业务技能的再学习、再提高，通过事件教训提高调控员的职业敏感性，严肃调控纪律，杜绝管理上的漏洞。

（2）深入推进信息分析师制度，完善信息分析管控机制，对县调管辖范围内监控信息开展全方位排查，梳理所有异常信息并开展分析研判，确保该县电网监控端信息管理零差错。

（3）敦促变电运检室对 A 变电站同类型的保护测量装置开展排查，分析事故原因。

案例 3：10kV 断路器老化引起断路器合闸线圈烧毁事故

一、故障前运行方式

如图 2-41 所示，110kV 甲变电站 1 号主变压器供 10kV Ⅰ 段母线运行，2 号主变压器供 10kV Ⅱ 段母线运行，10kV 分段断路器热备用。10kV 线路 L 在 10kV Ⅰ 段母线运行。

二、故障及处置经过

某日，110kV 甲变电站 10kV 出线 L 断路器过电流 Ⅰ 段动作跳闸，重合成功，合闸于永久故障，过电流Ⅰ段再次动作跳闸，遥控强送不成，主站收到控制回路断线信号。11:36，输电运检班检查出线 L 的 36 号杆树压线，故障隔离后的后段负荷转移到对侧手拉手线路上。11:40 甲变电站出线 L 断路器停电检修处理，更换损坏的合闸线圈，修复合闸顶针和铜套。

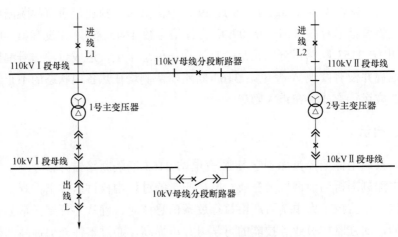

图 2-41　甲变电站接线示意图

三、故障原因及分析

（1）10kV 出线 L 断路器为固定式断路器，操动机构为 CD10 机构，打开机构箱后有很大的异常味道，同时发现合闸线圈有烧伤痕迹。随后，检修人员检查合闸熔断器，发现合闸熔断器为空气开关，但未跳闸，检查操动机构，发现四连杆结构连杆动作后未复位。

（2）初步分析认为：10kV 出线 L 断路器采用 ZN53 真空断路器，为分体断路器，索赔机构与断路器主轴经机械传动系统连接，与 CD10-Ⅰ型电磁机构配合不好，完成一次分—合—分动作循环后，机构四连板未能复位，再次发合闸命令后，合闸线圈动作，机构因四连板未复位不能动作，辅助接点未切换，不能切断合闸回路，导致合闸线圈长时间带电，3s 后过热烧损。

四、启示

（1）更换损坏的合闸线圈，修复合闸顶针和铜套，调整四连杆结构，进行特性试验，动作正常。

（2）尽快改造不满足运行要求的 10kV 老旧开关柜、分体式断路器，并对老旧设备加强巡视。

（3）加强老旧设备的备品备件储备，发现问题及时处理。

案例 4：10kV 断路器储能机构存在问题引起线路连续跳闸事故

一、故障前运行方式

如图 2-42 所示，110kV A 变电站 1 号主变压器供 10kV Ⅰ 段母线运行，2 号主变压器供 10kV Ⅱ 段母线运行，10kV 母线分段断路器热备用。10kV 线路 L 在 10kV Ⅰ 段母线运行。

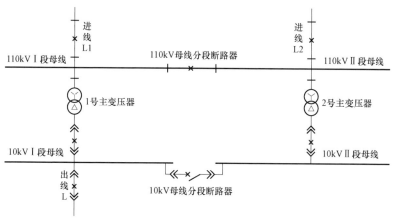

图 2-42　A 变电站一次接线示意图

二、故障及处置经过

某日 12:43，110kV A 变电站 10kV Ⅰ 段母线 A 相接地，10kV L 线过电流 Ⅰ 段保护动作断路器跳闸，重合成功，接地信号消失。之后 10kV L 线连续发过电流 Ⅰ 段动作、断路器失灵、控制回路断线保护动作信号，重复 6 次。12:45，10kV L 线过电流 Ⅰ 段跳闸，重合不成功。13:13 线路运行人员汇报：10kV L 线出线断路器至 103 环网柜 02 断路器之间地埋高压电缆被挖掘机挖断。13:25 A 变电站出线 L 断路器进行停电抢修，更换 10kV L 线出线断路器柜手车。

三、故障原因及分析

（1）10kV L 线第一次动作重合成功后，连续 6 次规律出现电流速断动作、出现断路器分闸、断路器失灵、控制回路断线、控制回路断线复归、断路器合闸这一动作过程，断路器连续分、合闸一次时间约为 8s，并且 6 次均未发重合闸动作信号。

（2）通过对断路器机构检查试验、断路器故障模拟试验，判定 10kV L 线路故障信号异常原因为：L 线出线断路器储能机构存在问题，断路器合闸线圈弹簧弹力不足造成衔铁卡位，导致机构无法正常储能。

四、启示

（1）更换 10kV L 线出线断路器柜手车。

（2）断路器频繁分合闸，造成故障不能及时快速隔离，对变电站设备冲击很大，影响电网设备健康稳定运行。

（3）设备因弹簧弹力不足等机械方面原因造成故障出现概率很小，建议公司采用技术成熟厂家设备。

（4）严把设备试验关，充分利用设备入网交界性试验、例行检修定检试验机会，加强设备试验，确保设备质量过关。

案例 5：线路断路器越级跳主变压器断路器

一、故障前运行方式

故障前天晴，如图 2-43 所示，35kV A 变电站 1 号主变压器、2 号主变压器 10kV 侧分列运行，为小电流接地系统。

二、故障及处置经过

某日 09:30，35kV A 变电站出线 L1 断路器控制回路断线动作告警，09:57 35kV A 变电站出线 L1 过电流Ⅱ段保护动作，2 号主变压器后备保护动作，跳开 2 号主变压器 10kV 断路器，导致 10kVⅡ段母线失压。

处置经过：10:01 县调遥控拉开出线 L1 断路器，遥控不成功。10:05 县调遥控试拉 10kVⅡ段母线上出线 L2、出线 L3，断路器遥控成功。10:37 检修人员到达现场后手动紧急拉开出线 L1 断路器，检查母线情况无异常后，10:40 县调遥控合上 2 号主变压器 10kV 开关恢复 10kVⅡ段母线送电。

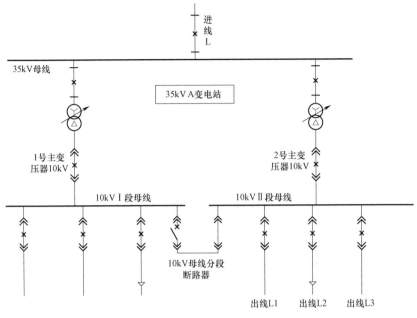

图 2-43   3kVA A 变电站一次接线示意图

三、故障原因及分析

经查，故障原因：出线 L1 55 号杆外力破坏导致相间短路，保护正常动作，但出线 L1 断路器分闸线圈烧毁，断路器拒动导致越级跳闸。

四、启示

（1）断路器控制回路断线动作为紧急缺陷，信号发出后，调度员务必及时通知运行检修人员赶往现场处理。

（2）根据保护动作信息及该断路器告警信息，应及时将出线 L2、出线 L3 负荷通过联络线转供出去。

案例 6：10kV 1 号电容器断路器控制回路断线故障

一、故障前运行方式

如图 2-44 所示，A 变电站 1、2 号主变压器 10kV 分列运行，10kV 母线分段断路器热备用，10kV 1 号电容器运行，10kV 母线分段备自投投跳闸。

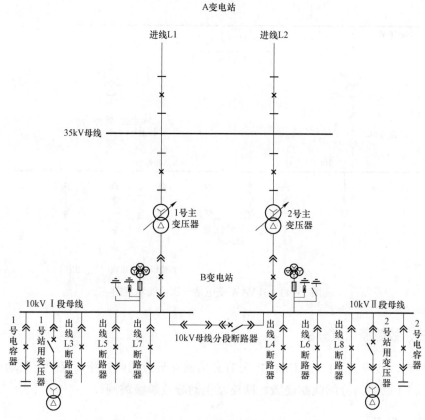

图 2-44　35kVA 变电站一次接线示意图

二、故障及处置经过

某日 13:00 A 变电站 10kV 1 号电容器断路器控制回路断线动作发信，监控系统显示 A 站 10kV 1 号电容器断路器在分位，10kV 1 号电容器仍带有负荷且数据正常。

处置经过：13:01 县调要求 A 变电站运维人员检查 10kV 1 号电容器断路器实际位置。运维人员汇报确证在合位。县调通知检修人员处理。13:30 A 变电站检修人员初步检查 10kV 1 号电容器断路器分合闸回路后，要求将 A 变电站 10kV Ⅰ 段母线改冷备用。13:35 县调对 A 变电站下令：① 10kV 母线分段备自投装置由跳闸改为信号；② 10kV Ⅰ 段母线由运行改为冷备用；13:59 操作完毕。14:00 县调对 A 变电站下令 1 号电容器断路器由冷备用改检修。14:15 A 变电站运维人员汇报 A 变电站 1 号电容器已隔离，10kV Ⅰ 段母线可以复役。14:20 县调对 A 变电站下令：① 1 号主变压器 10kV 断路器由冷备用改为运行；② 10kV 1 号站用变压器由冷备用改为运行；③ 10kV 母线分段断路器由冷备用改为热备用；④ 10kV 母线分段备自投装置由信号改为跳闸；⑤ 出线 L3、L5、L7 断路器由冷备用改运行。

三、故障原因及分析

经查，故障原因为自动电压控制系统（AVC）投切电容器频繁动作，引起 1 号电容器断路器分闸线圈烧毁，更换处理后消缺。

四、启示

（1）检查 AVC 投切电容器策略是否合理。

（2）电容器断路器在运行状态下发生分闸失败，控制回路断线为紧急缺陷，可能会发生电容器故障而电容器断路器据动，造成主变压器越级跳闸，扩大事故范围；应立即处理。

（3）断路器拒动时，没有紧急分闸装置的，应将母线停役后，隔离拒动断路器。

（4）母线复役应从来电侧分步送电。

案例 7：断路器引线烧毁引起跳闸接地事故

一、故障前运行方式

如图 2−45 所示，某地区 110kV B 变电站 10kV Ⅰ、Ⅱ 段母线分列运行，10kV L5 线路在运行状态，天气晴朗。

二、故障及处置经过

5 月 8 日 01:18，10kV L5 线路过电流 Ⅰ 段保护动作，断路器跳闸，重合成功，随后 L5 线路所在的 10kV Ⅱ 段母线发接地告警信号，U_a：10.18kV、U_b：7.63kV、U_c：3.04kV，A 线路负荷到 0MW。

处置经过：01:20 县调试拉 L5 线路后，母线接地告警消失，并立即安排配电运检班组巡线，此次接地影响 3.4MW 负荷的正常供电。02:50 配电运检班组汇报已找到故障并隔离，03:02 通过联络断路器由 L6 线路恢复 L5 线路供电。

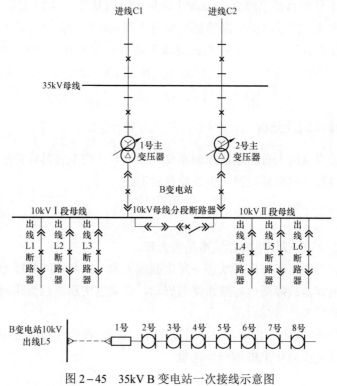

图 2-45　35kV B 变电站一次接线示意图

三、故障原因及分析

L5 线路故障原因为 1 号杆断路器 C 相上引线，B 相下引线熔断，1 号杆断路器烧毁。故障发生时，天气情况良好，L5 线路上无其他故障，设备老化和施工工艺不到位是此次故障的直接原因。

四、启示

（1）强化线路设备巡视，对重点部位进行红外测温，及时消除线路缺陷。

（2）建立负荷转供定期切换制度。针对联络线路，按照周期建立负荷转供定期切换制度，每季度对联络线路开展一次负荷切换转供，通过负荷切换转供及时发现线路薄弱点，及时进行消缺处理。

案例 8：断路器拒动引发主变压器跳闸事故

一、故障前运行方式

故障前天气阴雨、夏季高温，如图 2－46 所示，35kV A 变电站 1 号主变压器、2 号主变压器 10kV 侧分列运行。

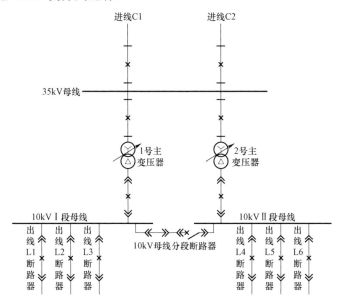

图 2－46　35kV A 变电站一次接线示意图

二、故障及处置经过

某日 10:45，35kV A 变电站 10kV L2 线路过电流 Ⅰ 段保护动作，1 号主变压器后备保护动作，跳 1 号主变压器 10kV 断路器和 35kV 断路器，10kV Ⅰ 段母线失电，损失负荷 4.1MW。

处置经过：10:47 县调遥控拉开出线 L1、L3 断路器，遥控拉开 L2 断路器失败。10:48 县调通知运维人员到现场查看，通知配电运检人员巡线，11:18 县调正令现场运维人员：L2 线路由运行改检修，11:33 现场运维人员汇报 L2 线断路器分闸线圈烧毁，现已隔离，主变压器及母线情况正常。11:38 县调逐一合上 1 号主变压器 35kV 断路器、1 号主变压器 10kV 断路器、L1 断路器、L3 断路器，恢复供电。

三、故障原因及分析

经查，故障原因为 L2 线路上树压导线，触发线路过电流保护动作，在执行分闸操作时，断路器分闸线圈烧毁，无法有效隔离故障，触发主变压器后备保护动作，跳开主变压器两侧断路器。

四、启示

（1）加快老旧断路器柜的改造，对老旧设备加强巡视。

（2）调控员要做好事故处理预案，采取果断措施，尽快恢复供电。

案例9：10kV 电容器断路器合闸不成功

一、故障前运行方式

如图 2-47 所示，110kV A 变电站正常运行方式，3、4 号电容器正常运方，AVC 投自动。

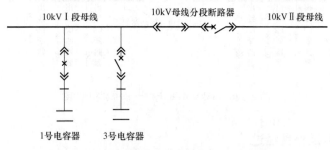

图 2-47　A 变电站 3 号电容器运行方式图

二、故障及处置经过

×月 10 日 21:55，A 变电站 3 号电容器断路器事故跳闸，检查 AVC 动作情况，21:55 AVC 控制合闸信号发出，检查监控系统内 A 变电站 21:55 AVC 控制合闸、断路器合闸、断路器事故分闸，无保护动作信息。

21:58，县调将 A 变电站 3 号电容器断路器 AVC 控制改为手动，派人到现场检查。

22:47，A 变电站现场检查汇报，3 号电容器无保护启动信息，电容器组外观检查无异常，电容器断路器外观检查无异常，检修人员现场手动分合闸试验正常，3 号电容器重新投入运行。

×月 12 日 22:01，A 变电站 3 号电容器断路器再次发生事故跳闸，将 A 变电站 3 号电容器断路器及电容器改检修。

三、故障原因及分析

A 变电站 3 号电容器断路器及电容器组经检修确认故障为电容器断路器脱扣问题，因该变电站 3 号电容器断路器动作次数较多，断路器脱扣存在间隙，有一定概率导致断路器合闸动作脱扣脱开，断路器合闸不成功；断路器保护及电容器组检查试验均合格，断路器一次机构经调试后符合投运条件。

四、启示

本次事故暴露出的主要问题及防范措施：

（1）A 变电站电容器断路器因负荷变化较大需要经常动作，导致断路器一次机构存在运行缺陷，针对动作次数达到一定次数的电容器断路器安排检修试验工作。

（2）调控员在处理同类型故障时，需停用该电容器 AVC 自动投切策略，悬挂"禁止合闸"标示牌，防止出现 AVC 误投及人工误投。

（3）同类型设备缺陷重点检查断路器一次机构问题，然后是二次保护问题。

案例 10：110kV A 变电站 1 号主变压器 10kV 断路器柜故障处置分析报告

一、故障前运行方式

110kV A 变电站为典型内桥接线，2 条 110kV 进线 BA1115 线和 CA1168 线分别送 1、2 号主变压器分列运行，110kV 母线分段断路器、10kV 1 号母线分段断路器热备用，备自均投跳闸状态。10kV Ⅰ段母线共有 10 条出线，其中专线 4 条，公用线路 6 条，事故前 10 条出线共带负荷 27MW。

110kV A 变电站一次电气接线如图 2–48 所示。

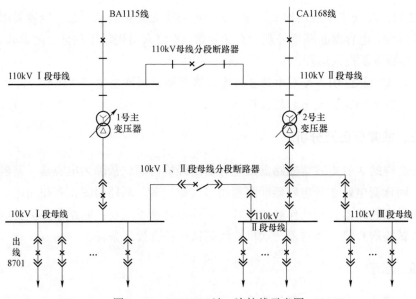

图2-48 110kV A站一次接线示意图

10kV Ⅰ段母线断路器柜布置图见图2-49。

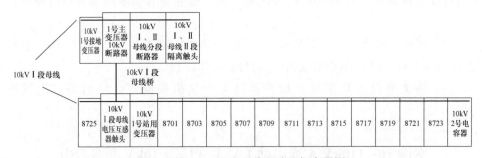

图2-49 10kV Ⅰ段母线断路器柜布置图

二、故障及处置经过

（1）保护及后台信息（见图2-50）。

9:11:56.7：A变电站1号主变压器后备保护复压动作；

9:11:58.8：过电流Ⅰ段经2.1s跳1号主变压器10kV断路器；

9:11:59.1：过电流Ⅱ段经2.4s跳1115线断路器。

1号主变压器10kV断路器跳开后，10kV Ⅰ、Ⅱ段母线分段断路器备用电源自动投入，合于故障，10kV Ⅰ、Ⅱ段母线分段过电流保护动作10kV Ⅰ、Ⅱ段母线分段断路器。

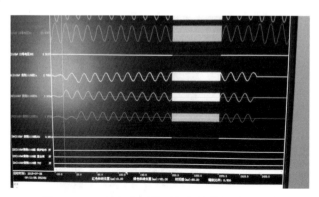

图 2-50　1 号主变压器后备保护装置故障录波

（2）设备受损情况检查。

1）检修人员现场检查发现 1 号主变压器 10kV 断路器柜有明显烧灼痕迹，内部母线室与主变压器进线室之间的隔板、开关柜触头盒及相邻柜体间的穿柜套管烧毁，主变压器开关小车（见图 2-51）和 10kV Ⅰ段母线桥也有较明显的浓烟侵蚀。

2）1 号主变压器外观检查无异常，油化数据合格，主变压器非电量保护联动试验正常。1 号主变压器 10kV 断路器柜主变压器侧铜排、触头盒及断路器小车下触头（主变压器侧）均有明显的滴焊痕迹；主变压器断路器柜母线室和主变压器进线室之间的隔板烧穿（见图 2-52）。

图 2-51　1 号主变压器 10kV
开关小车下桩头

图 2-52　母线室和主变压器
进线室间的隔板烧穿

3） 主变压器断路器柜与两侧（10kV 1 号母分断路器柜、1 号接地变压器断路器柜）间的穿柜套管明显烧损（见图 2-53）。

图 2-53　穿柜套管明显烧损

4） 主变压器断路器小车和 10kV Ⅰ 段母线桥也有较明显的浓烟侵蚀（见图 2-54）。

图 2-54　主变压器断路器小车和 10kV Ⅰ 段母线桥情况

【处理过程】

第一阶段：

（1）将主变压器断路器柜内所有受损的双拼铜排拆除，在主变压器柜上方水平设置绝缘挡板作为第二阶段断路器柜抢修的硬隔离安全措施（见图 2-55）；

图 2−55 柜内受损铜排均已拆除，并加装绝缘隔板

（2）清扫母线桥后，对隔离出的 10kV Ⅰ 段母线进行耐压试验，试验合格；

（3）将 1 号主变压器 10kV 侧母排通过跨接铜排直接与 10kV Ⅰ 段母线铜排搭通，于当晚 18:00 恢复 10kV Ⅰ 段母线送电（见图 2−56～图 2−58）。

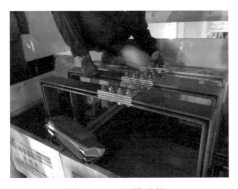

图 2−56 铜排跨接　　　　　　图 2−57 铜排跨接后两侧加装绝缘挡板

第二阶段：连夜拆除已隔离的三面断路器柜，修复烧损的柜内隔板、穿柜套管及电流互感器，更换 6 只断路器静触头及断路器小车并加工新的柜内连接铜排。

然后将修复的三面断路器柜装复，恢复原柜内受损的双拼铜排。

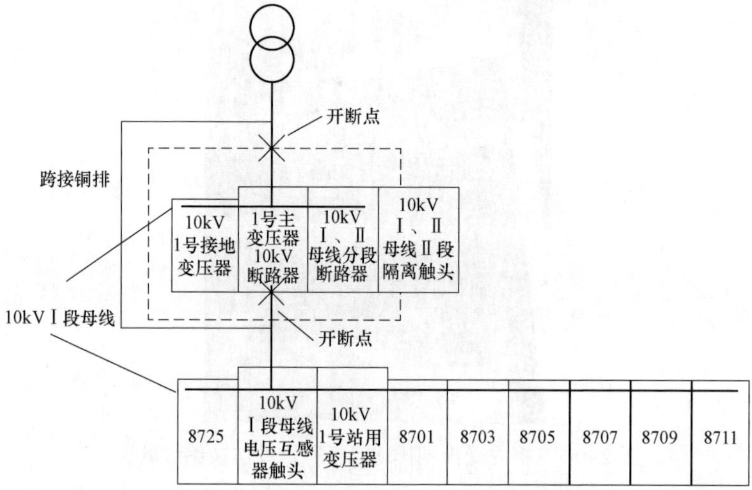

图 2-58　铜排跨接后接线示意图

第三阶段：停役 1 号主变压器及 10kV I 段母线，拆除临时搭接铜排，并恢复故障前连接方式，并于 30 日 8 时前全部完成恢复供电。

三、故障原因及分析

由保护动作过程结合故障现象可推知，由于天气炎热，1 号主变压器负荷突然升高（故障前日峰值 49.39MW，额定容量 50MW），柜内铜母排发热，长时间作用下致使相关绝缘件绝缘强度下降，引起 1 号主变压器 10kV 断路器柜内部靠母线侧触头发生 AB 相间短路故障。故障后，1 号主变压器后备保护复压动作，过电流 I 段经 2.1s 跳 1 号主变压器 10kV 断路器，由于此时主变压器断路器母线侧故障已烧穿了断路器柜母线室与主变压器进线室之间的隔板，被烧毁的熔融物质滴至 1 号主变压器断路器靠主变压器侧铜排上造成主变压器低压侧短路，因此 1 号主变压器差动保护因故障点在保护范围之外仅发告警信号，过电流 II 段经 2.4s 跳 1115 线断路器及 110kV 母线分段断路器，造成 A 变电站 1 号主变压器及 10kV I 段母线失电。而后，10kV I 、II 段母线分段备自投经 2s 后动作，10kV I 、II 段母线分段断路器合于故障跳闸。

四、启示

（1）为提前发现断路器柜内设备发热部位，在确保断路器柜防护等级前提下，对重要变电站的断路器柜设置红外热像检测窗口，优先结合停电加装大电流柜的红外热像检测窗口，并加强日常运行巡视。

（2）在严格按照标准开展断路器柜的例行试验、带电检测和巡视的基础上，在重负荷期间对重要变电站增加局部放电、红外热像检测等带电检测频次，并对异常数据加强跟踪分析。

（3）利用电网低负荷期试点开展断路器柜中期维护工作。通过合理安排负荷转供方式，利用低负荷期对运行 10 年以上的老旧断路器柜进行中期维护，对发现缺陷及时整治，更换易受损绝缘件，集中开展设备例行试验，提高老旧断路器柜设备运行可靠性和安全性。

第六节 电压互感器故障

案例1：母线电压互感器 N 线脱落引起母线电压异常事故

一、故障前运行方式

如图 2-59 所示，35kV 甲变电站 1 号主变压器供 10kV Ⅰ 段母线运行，2 号主变压器供 10kV Ⅱ 段母线运行，10kV 母线分段断路器合闸运行。

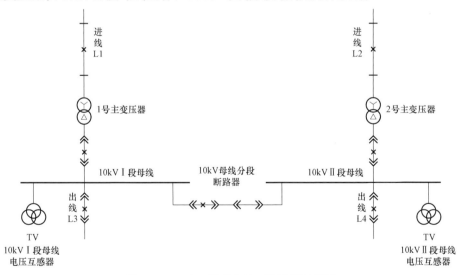

图 2-59　35kV 甲变电站一次接线示意图

二、故障及处置经过

某日，甲变电站 10kV Ⅱ 母线发"单相接地"信号，此时 10kV Ⅱ 段母线电压为：$U_{ab}=10.49kV$，$U_a=0.91kV$、$U_b=9.6kV$、$U_c=9.6kV$、$3U_0=91V$，但是监控人员发现此时的 10kV Ⅰ 段母线的相、线电压却未发生任何改变，仍为：$U_{ab}=10.49kV$，$U_a=6.02kV$、$U_b=6.10kV$、$U_c=6.06kV$，$3U_0=91V$；同时 10kV Ⅱ 段母线上所有间隔保护测控装置均报出："装置异常动作"信号，而 10kV Ⅰ 段母线上所有间隔保护测控装置却未报"装置异常动作"，10kV Ⅰ 段母线的开口三角电压也为 91V。

当值调度员按照单相接地事故处理原则进行试拉接地，12:18 当拉开出线 L4 断路器后，10kV Ⅱ 段母线电压恢复正常，开口三角电压降到 0.120V，Ⅱ 段母线所有间隔"保测装置异常"信号复归。12:59 出线 L4 线路上的接地故障处理完毕后，送出出线 L4，电压正常。通过对上述现象及数据的分析，除了已处理的出线 L4 故障，我们判断出另一个故障是：10kV Ⅰ 段母线电压互感器故障。

三、故障原因及分析

（1）故障时，10kV 母线分段断路器在合闸位置，10kV Ⅰ、Ⅱ 段母线应当是等电位的，所有电压量显示也应该相近才对。

（2）通过对上述现象及数据的分析，除了已处理的出线 L4 线路故障，另一个故障是：10kV Ⅰ 段母线电压互感器故障。将 10kV Ⅰ 段母线电压互感器改检修后，经过详细检查，发现 10kV Ⅰ 段母线电压互感器 N 线脱落。处理完毕后，恢复正常运行方式，电压显示正常。

（3）此次 10kV Ⅰ 段母线电压无法正确反应接地状况的原因是：10kV Ⅰ 段母线电压互感器到测控装置之间的 N 线出现了断线或者是接触不良所致。又根据 10kV Ⅰ 段母线上所有间隔保护测控装置未报"装置异常动作"信号这一现象，说明 10kV Ⅰ 段母线所有设备保护测控装置均未检测到电压异常，也就是说并不是某一个装置 N 线断线，而是电压互感器到开关柜柜顶小母线之间就已经出现了断线。由于开口三角电压显示正常，所以开口三角的 N 线并未脱落。

四、启示

设备投运前，验收工作一定要到位，尤其是电压互感器或者是测控装置的 N

线脱落的检查需要尤其重视,因为电压互感器 N 线和测控装置的 N 线脱落断线一般情况(正常运行方式)下不容易被发现。

案例 2:雷击过电压引起母线电压互感器内部故障事故

一、故障前运行方式

如图 2-60 所示。35kV 乙变电站 1、2 号主变压器运行道 10kV Ⅰ 、Ⅱ 段母线,10kV Ⅰ 、Ⅱ 段母线并列运行,10kV L3、L4、L5、L6 出线运行状态。

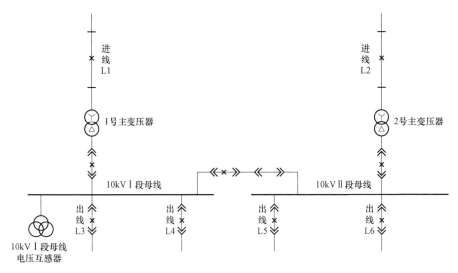

图 2-60 35kV 乙变电站一次接线示意图

二、故障及处置经过

某日,18:40 乙变电站出线 L5 过电流 Ⅱ 段保护动作,重合成功,乙变电站 10kV Ⅰ 段母线接地,相电压分别为:$U_a = 9.3\text{kV}$、$U_b = 10.61\text{kV}$、$U_c = 0.62\text{kV}$、$3U_0 = 103\text{V}$;拉开出线 L5 断路器,县调接地依旧;拉开出线 L3 断路器,三相电压为:$U_a = 5.0\text{kV}$,$U_b = 6.5\text{kV}$,$U_c = 6.2\text{kV}$,告知运维人员去出线 L3 查线;拉开出线 L4 断路器、拉开出线 L6 断路器后,电压异常依旧:$U_{ab} = 10.34\text{kV}$、$U_a = 5.16\text{kV}$、$U_b = 6.51\text{kV}$、$U_c = 6.03\text{kV}$、$3U_0 = 6.158\text{V}$;更换 10kV Ⅰ 段母线电压互感器三相熔丝后,电压异常依旧。由此可判断故障可能是电压互感器内部。

次日 12:10 检修人员检查乙站 10kV Ⅰ 段母线电压互感器 A 相有问题,现 10kV Ⅰ 段母线电压互感器 A 相更换工作已结束,具备送电条件;12:18 乙变电站 10kV Ⅰ 段母线电压互感器由检修改运行,电压正常,与所有出线线路电压互感器实测值相同。

三、故障原因及分析

(1)由于雷击造成出线 L5 线路保护动作,断路器跳闸,重合成功。同时,雷击过电压波还冲击了乙站 10kV Ⅰ 段母线电压互感器(过电压较大,避雷器作用有限)。

(2)在电压互感器的结构中,除了一次绕组外,还有二次绕组(保护装置用),三次绕组(开口三角电压 $3U_0$ 取用的绕组),在此次事故的电压互感器中,二次绕组和三次绕组是同芯绕组,两者之间只有一层薄薄的绝缘介质。此次雷击造成了二次、三次绕组(开口三角)中局部过热,以至于 A 相绕组出现了二次、三次绕组同时发生匝间短路。二次、三次绕组匝数变小,也就是电压互感器变比变大,导致监控系统显示值偏小。这与检修班现场测量值吻合。

四、启 示

根据事故原因可知该类型的事故属于意外事故,应尽可能地保证电网的合理运行方式安排,加强电压互感器绝缘监测做好事故预想。

案例3：10kV Ⅰ 段母线电压互感器三相高压熔丝熔断故障

一、故障前运行方式

A 变电站 1、2 号主变压器分列运行,10kV 母线分段断路器热备用,无小电流接地选线(见图 2-61),10kV 所有出线运行状态。

二、故障及处置经过

某日 11:00 A 变电站 10kV Ⅰ 段母线单相接地发信,$U_a = 0.3$kV,$U_b = 0.2$kV,$U_c = 0$kV。

处置经过：11:01 县调遥控合上 A 变电站 10kV 母线分段断路器,A 变电站 10kV Ⅰ、Ⅱ 段母线电压正常。11:05 县调令 A 变电站运维人员将 A 变电站 10kV Ⅰ 段母线电压互感器改检修。11:30 县调许可 A 变电站运维人员检查 A 变电站

10kVⅠ段母线电压互感器。11:55 A变电站运维人员汇报经检查，A变电站10kVⅠ段母线电压互感器高压熔丝三相熔断，已更换，A变电站10kVⅠ段母线电压互感器可以复役。12:00县调令A变电站运维人员将A变电站10kVⅠ段母线电压互感器改运行（正常）。12:05县调遥控拉开A变电站10kV母线分段断路器。

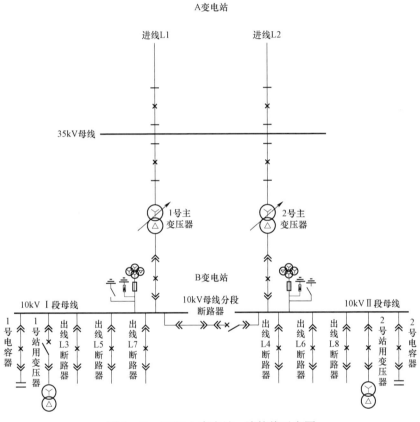

图 2-61　30kV A 变电站一次接线示意图

三、故障原因及分析

经查，事故原因为 A 变电站 10kVⅠ段母线发生谐振导致 A 变电站 10kVⅠ段母线电压互感器高压熔丝三相熔断。

四、启示

（1）谐振会导致导母线电压互感器高压熔丝过电压熔断。

（2）母线电压互感器停役操作前应判断母线是否有接地,应将接地点隔离后,进行母线电压互感器停役操作。

案例4：母线电压互感器故障

一、故障前运行方式

故障前雷暴天气,35kV A 变电站 1 号主变压器、2 号主变压器并列运行（见图 2-62）,10kV 出线都在运行状态。

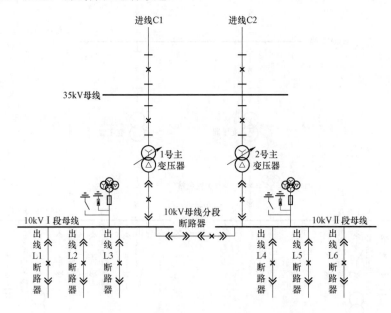

图 2-62　35kV A 变电站一次接线示意图

二、故障及处置经过

某日 10:45,监控员发现 A 变电站 10kV Ⅰ Ⅱ 段母线接地,母线三相电压为 $U_a = 10.53\text{kV}$、$U_b = 0.56\text{kV}$、$U_c = 0\text{kV}$。

处置经过:10:47 县调遥控拉开 A 变电站母线分段断路器,10kV Ⅱ 段母线电压恢复正常,判断接地线路在 10kV Ⅰ 段母线上。10:48 县调根据试拉接地序位表逐次试拉线路后,在遥控拉开 L3 线路后,10kV Ⅰ 段母线三相电压变化为

$U_a = 6.01 \text{kV}$、$U_b = 5.96 \text{kV}$、$U_c = 0 \text{kV}$，确定 L3 线路为接地线路后，恢复接地试拉线路供电，通知配抢人员故障情况。并根据电压情况初步判断变电站 10kV Ⅰ段母线电压互感器 C 相也存在问题，即要求配电运检人员巡线，变电运维人员前往现场检查设备。10:23 现场运维人员到达，汇报电压互感器外观正常，低压熔丝正常。10:25 正令运维人员：A 变电站 10kV Ⅰ段母线电压互感器由运行改检修。

三、故障原因及分析

经查，故障原因为 L3 线路上配电变压器 B 相避雷器击穿，导致线路接地，A、C 相电压迅速升高到线电压，导致 10kV Ⅰ段母线电压互感器 C 相熔丝烧毁。

四、启示

（1）加快老旧变电站改造，针对老旧设备加强巡视。

（2）加强调度技术培训，提升故障研判能力。

（3）调控员加强该类事故演练，提升复杂故障下母线电压告警事故的处理速度。

案例 5：220kV 站内 35kV Ⅰ段母线电压互感器故障

一、故障前运行方式

故障前天晴，如图 2-63 所示，220kV A 变电站 1 号主变压器、2 号主变压器分列运行，35kV Ⅰ、Ⅱ段母线分列运行。

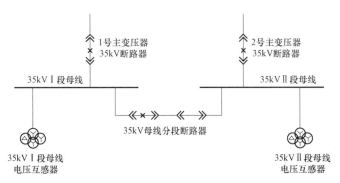

图 2-63　A 变电站一次接线示意图

二、故障及处置经过

某日 23:47，监控中心发现 A 变电站 35kV Ⅰ段母线 B 相电压偏低，并持续下降，三相电压分别为 A 相 20.71kV、B 相 18.57kV、C 相 20.39kV，马上通知运维班去现场检查，并告知地调。

处置经过：23:50 地调向运维班发令：① A 变电站 35kV 母分备自投装置由跳闸改信号；② A 变电站 35kV 母线分段断路器由热备用改运行（并列）；③ A 变电站 35kV Ⅰ段母线电压互感器由运行改检修（熔丝换好后）；④ A 变电站 35kV Ⅰ段母线电压互感器由检修改运行；⑤ A 变电站 35kV 母线分段断路器由运行改热备用（解列）；⑥ A 变电站 35kV 母线分段备自投装置由信号改跳闸。01:30 运维班操作完毕并汇报，电压恢复正常。06:50 A 变电站 35kV Ⅰ段母线 B 相电压再次下降至 18.66V，告运维班去现场检查，并告变电运检室上述情况。8:00 运维班向地调汇报：现场测量 35kV Ⅰ段母线电压互感器二次电压为：A 相 60V，B 相 53.4V，C 相 59.2V；地调将该情况告知变电运检室，回告要求将 35kV Ⅰ段母线电压互感器改检修处理。8:07 正令运维班：① A 变电站 35kV 母分备自投装置由跳闸改信号；② A 变电站 35kV 母分断路器由热备用改运行（并列）；③ A 变电站 35kV Ⅰ段母线电压互感器由运行改检修（8:45），8:46 正令运维班：A 变电站 1 号主变压器 35kV 断路器由运行改热备用（解列）（9:02），操作后，A 变电站 35kV Ⅰ段母线电压恢复正常。

三、故障原因及分析

经查，故障原因为 A 站 35kV Ⅰ段母线电压互感器 B 相熔丝熔断。

四、启示

（1）A 变电站 35kV Ⅰ段母线电压互感器容易发生熔断，导致第一次更换电压互感器熔丝之后发生了第二次熔断，反映出 A 变电站 35kV Ⅰ段母线电压互感器运行工况不佳。

（2）在此次事故的处理中，调度员对事故的发展走势清晰，判断正确，与运维人员配合默契，处理事故速度迅速，在发生事故后短时间内更换了母线电压互感器熔丝，避免了事故进一步扩大。

案例6：110kV A 变电站 35kV B 线路电压
互感器故障导致线路停运

一、故障前运行方式

故障前天晴，如图 2-64 所示，110kV A 变电站 1 号主变压器、2 号主变压器分列运行，35kV Ⅰ、Ⅱ 段母线分列运行。L1 线路运行送 C 变电站负荷。

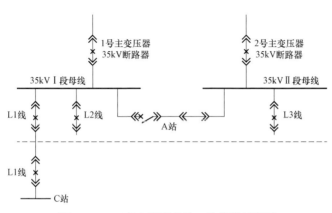

图 2-64　A 变电站事故前一次接线示意图

二、故障及处置经过

某日 8:11，监控中心发现 A 变电站 35kV L1 线路保护测控装置异常，通知运维班去 A 变电站检查并告知地调；8:31:11，A 变电站消防火灾总告警动作，8:31:32，信号复归（6 月 12 日 A 变电站消防装置动作告警后无法复归，现场结论是装置有故障，将消防信号监视移交运维班）。

处置经过：9:15，运维班汇报县调 A 变电站 L1 线路保护测控装置异常信号无法复归，35kV 断路器室内有烟雾，县调马上汇报地调和相关领导；9:17，A 变电站汇报地调 35kV 断路器室内有很大烟雾，排风扇已开启，看不清冒烟点。9:18，查看 A 变电站 35kV 断路器室视频监控，图像中 35kV 各间隔保护测控装置的前柜门已打开，视频中烟雾不明显。9:19，县调汇报地调 A 变电站 35kV Ⅰ、Ⅱ 段母线电压正常，没有设备跳闸。通知他马上将把 A 变电站 35kV 负荷倒走。9:20，县调遥控转移 35kV L1 线路对侧 C 变电站负荷。9:25，县调遥控转移 35kV C 变电站负荷。9:25，县调汇报地调 A 变电站 35kV 负荷已转移，35kV Ⅰ、Ⅱ 段母线可停电。9:26，地调遥控拉开 A 变电站 2 号主变压器 35kV 断路器、1 号主变压器 35kV 断路器（9:27），A 变电站 35kV Ⅰ、Ⅱ 段母线停电。9:30，地调通知 A 变电站 1、2 号主变压器 35kV 断路器已拉开，通知变电运检室速派人去 A 变电站。9:42，县调遥控拉开 A 变电站 L1 线路断路器、L2 线路断路器、L3 线路断路器（9:44），但拉开 A 变电站 L1 线路断路器失败，通知运维班检查。10:15，A 变电站汇报地调 L1 线路电压互感器击穿烧毁，其余间隔还在检查。10:21，县调将 A 变电站 L1 线路改冷备用隔离故障点（10:25）。10:38，县调汇报地调：A 变电站 L1 线路已改冷备用隔离故障，35kV Ⅱ 段母线及出线间隔检查正常，可以送电，地调发令合上 2 号主变压器 35kV 断路器（10:42），A 变电站 35kV Ⅱ 段母线送电。10:41，A 变电站汇报县调 B 线路断路器现场后台机上已经拉开，估计当时遥控拉不开是短时自动化通道不好引起，A 变电站 35kV Ⅰ 段母线及出线间隔检查正常，可以送电。

10:42，县调汇报地调：A 变电站 35kV Ⅰ 段母线可以送电，地调发令合上 1 号主变压器 35kV 断路器（10:46），A 变电站 35kV Ⅰ 段母线送电。10:51，县调陆续 A 变电站下接的 35kV 变电站正常方式。11:10，县调将 A 变电站 L1 线路电压互感器改检修、L1 线路重合闸停用后，恢复 L1 线路断路器运行。

三、故障原因及分析

经查，故障原因：35kV L1 线路电压互感器击穿烧毁。

四、启示

（1）当线路电压互感器导致断路器室产生大量烟雾时，导致视频监控无法查看现场情况，也不利于运维班在现场检查情况。在事故处理过程中，要加强地调和县调及现场运维人员，检修人员的沟通联系。

（2）调度人员加强日常技能培训及针对性演练，不断提高事故分析处置能力，同时加强事故预案管理，加快事故处理速度。

（3）对于消防火灾告警信号要及时查看视频监控，通知运维班去现场检查情况。

案例 7：110kV A 变电站 35kV Ⅱ 段母线电压互感器熔丝熔断

一、故障前运行方式

故障前天晴，110kV A 变电站 1、2 号主变压器并列运行，35kV Ⅰ、Ⅱ 段母线并列运行。

二、故障及处置经过

某日 10:48 地调监控员发现：A 变电站 35kV Ⅱ 段电压为 A 相 20.1kV，B 相 2.5kV，C 相 20.45kV。同时报 A 变电站 35kV 备自投装置故障动作，2 号主变压器 35kV 保护测控装置异常动作，2 号主变压器保护 TV 断线动作，地调立即通知运维班去现场检查。运维班经测量电压发现（35kV Ⅱ 段母线电压互感器）B 相高压熔丝熔断。

处置经过：11:26 地调向运维班发操作任务：① A 变电站 35kV 备自投装置由跳闸改信号；② A 变电站 35kV Ⅱ 段母线电压互感器由运行改检修（熔丝换好后）；③ A 变电站 35kV Ⅱ 段母线电压互感器由检修改运行；④ A 变电站 35kV 备自投装置由信号改跳闸。A 变电站电压恢复正常，A 变电站 35kV 备自投装置故障、2 号主变压器 35kV 保护测控装置异常，2 号主变压器保护 TV 断线信号复归。

三、故障原因及分析

经查，故障原因：A 变电站 35kV Ⅱ 段母线电压互感器高压熔丝熔断，引起 A 变电站 35kV 备自投装置故障。

四、启示

（1）35kV Ⅱ 段母线电压互感器熔丝熔断会对相应的安全自动装置和继电保护装置运行产生影响，需要及时进行处置。

（2）日常工作中，调控中心各班组之间、运维单位要密切配合，充分发挥组织协调能力。事故处理时做到准确冷静，及时果断，保持清醒的头脑，忙而不乱。

案例8：110kV 变电站 10kV 母线电压互感器故障

一、故障前运行方式

110kV A 变电站正常运行方式，10kV Ⅰ、Ⅱ段母线分列运行，无异常天气。10kV Ⅰ段母线上有一条 10kV 监狱专线 L1（重要二级）保供电（见图2-65）。

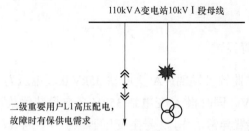

图2-65　A 变电站 10kV Ⅰ段母线一次接线示意图

二、故障及处置经过

某日 20:30，A 变电站 10kV Ⅰ段母线单相接地，$U_a = 0.24\text{kV}$，$U_b = 10.46\text{kV}$，$U_c = 10.28\text{kV}$（A 相）。

20:35，县调当值对 A 变电站发生接地的 10kV Ⅰ段母线开展试拉，同时通知保电单位监狱做好短时停电准备，监狱电气联系人汇报说有保电任务暂不能停电。

20:48，A 变电站 10kV Ⅰ段母线除 L1 线路外均已试拉（逐一试拉试送），接地仍存在；通知监狱电气联系人对 L1 线路巡线。

22:08，监狱电气联系人汇报线路无异常，告他仍需通过接地试拉排除故障。

22:15，监狱电气联系人汇报已做好短时停电准备，可以接地试拉。

22:17，A 变电站拉开 L1 线路，接地未消失，调控当值判断可能存在多线同相接地，遂逐条拉开 A 变电站 10kV Ⅰ段母线上所有出线。

22:25，A 变电站 10kV Ⅰ段母线上所有出线均已拉开，接地仍存在，判断为母线故障，同时通知监狱电气联系人母线接地一事，监狱电气联系人回复仍需保供电，需要尽快恢复 L1 送电，通知操作班派人到 A 变电站现场检查。

22:31，将 A 变电站 10kV Ⅰ段母线可能存在接地故障及 L1 线路因保电需求恢复供电一事汇报地调、公司分管领导及相关部门负责人，同时恢复 L1 线路运行，其余 10kV 线路在热备用状态。

22:48，A 变电站 1 号主变压器 10kV 后备保护动作跳 1 号主变压器 10kV 断路器，A 变电站 10kV Ⅰ 段母线失压。

23:02，操作班人员到达 A 变电站现场，发现 10kV 断路器室冒浓烟，无法判断故障间隔。

23:11，经排烟后查看，10kV Ⅰ 段母线电压互感器间隔起火，目前明火已基本熄灭，10kV 母线及其他间隔设备无异常。

三、故障原因及分析

A 变电站 10kV Ⅰ 段母线电压互感器故障引起 10kV Ⅰ 段母线单相接地，县调在第一轮接地试拉中，并未找到接地线路，同时因用户专线保电要求，未及时开展接地试拉；第二轮接地试拉，已明确故障点在变电站 10kV Ⅰ 段母线上，但 L1 线路保电要求恢复供电，造成 10kV Ⅰ 段母线电压互感器长时间故障运行直到击穿短路引起主变压器 10kV 断路器保护跳闸，导致事故范围扩大。

四、启示

本次事故暴露出的主要问题及防范措施：

（1）L1 专线用户作为重要二级用户，没有备用线路及其他发电机保电措施，在碰到上级电网故障时不能保证供电可靠性。

（2）未开展涉及重要保电用户变电站侧的设备特巡，变电站内缺少视频监控及消防报警等辅助监控设备。

（3）调控员在处理同类型故障时需尽快确认并隔离故障点，防止故障范围扩大；母线电压互感器故障，需尽快拉开母线上级断路器（主变压器断路器、母分断路器）隔离故障点。

（4）断路器室内间隔火灾，人员不得冒失进入，在确认故障及相关设备已停电、其他设备无异常情况下方可进一步检查。

案例 9：110kV 变电站 10kV Ⅱ/Ⅲ 段母线谐振引起母线 电压互感器熔丝熔断

一、故障前运行方式

如图 2-66 所示，110kV A 变电站正常运行方式，10kV Ⅰ、Ⅱ、Ⅲ 段母线分列运行，Ⅱ、Ⅲ段母线为2号主变压器主供，母线硬连接，10kVⅠ、Ⅱ、Ⅲ段母线电压互感器均在运行状态，当时天气有短时雷雨大风。

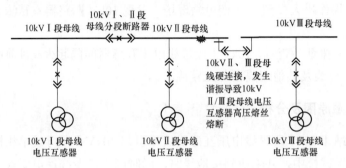

图 2-66　110kV A 变电站 10kV 母线一次接线示意图

二、故障及处置经过

某日 14:10，A 变电站 10kVⅡ/Ⅲ段母线三相电压越限告警，10kVⅡ、Ⅲ段母线电压显示均为 0。

14:11，汇报××地调：A 变电站 10kVⅡ/Ⅲ段母线发生谐振，电压无显示，需将 10kVⅠ、Ⅱ段母线分段断路器并列运行。

14:14，调控当值遥控合上 A 变电站 10kVⅠ、Ⅱ段母线分段断路器，电压显示无异常，确认谐振已消除，通知操作班现场检查。

15:03，操作班人员抵达 A 变电站，检查汇报 10kVⅡ、Ⅲ段母线电压互感器低压空气开关均在合位，判断为高压熔丝熔断。

15:18，10kVⅡ段母线电压互感器改检修更换熔丝，并恢复。

15:20，10kV 母线分段断路器改热备用，母线恢复初始方式运行。

15:39，10kVⅢ段母线电压互感器改检修更换熔丝，并恢复。

三、故障原因及分析

因线路雷击过电压侵入变电站引发系统谐振，导致 10kVⅡ/Ⅲ段母线电压互感器高压熔丝熔断。

四、启示

本次事故暴露出的主要问题及防范措施：

（1）系统因谐振造成电压互感器熔丝熔断，首先考虑是破坏谐振条件，其次是通过其他方式检查发生电压互感器熔丝熔断母线是否存在接地情况，在母线分段变电站中优先考虑合母分断路器。

（2）更换母线电压互感器熔丝要考虑天气因素，如果仍存在雷雨天气，则不宜操作母线电压互感器设备（或靠近避雷器）。

（3）A 变电站 10kV 母线有三段，其中Ⅱ、Ⅲ段母线为硬连接，Ⅱ、Ⅲ段母线电压互感器均正常投入，Ⅱ、Ⅲ段母线电压互感器都需要更换熔丝时，应分步操作，以满足电压互感器二次侧并列要求。

案例 10：10kVⅡ段母线电压互感器三相高压熔丝熔断故障

一、故障前运行方式

雷雨，A 变电站 1、2 号主变压器并列运行（见图 2-67）。

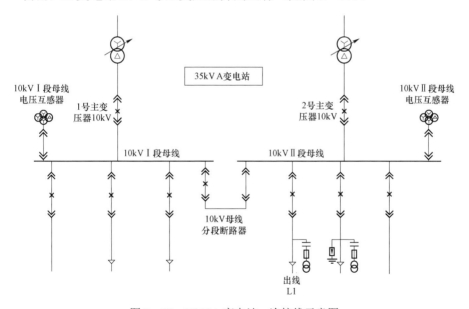

图 2-67　35kV A 变电站一次接线示意图

二、故障及处置经过

某日 13:00 A 变电站 10kVⅡ段母线电压低告警，$U_a = 3.3kV$，$U_b = 2.4kV$，$U_c = 1.5kV$，13:00 L1 线过电流Ⅱ段保护动作，重合闸未动作。

处置经过：13:03 县调遥控合上 L1 线断路器，试送成功。13:55 A 变电站 10kV Ⅱ段母线电压互感器改检修。14:00 县调许可 A 变电站运维人员检查 A 变电站 10kV Ⅱ段母线电压互感器。14:20 A 变电站运维人员汇报经检查 A 变电站 10kV Ⅱ段母线电压互感器高压熔丝三相熔断，已更换，A 变电站 10kV Ⅱ段母线电压互感器可以复役。14:25 县调令 A 变电站运维人员将 A 变电站 10kV Ⅱ段母线电压互感器改运行，恢复正常。

三、故障原因及分析

经查，事故原因为因雷击导致 A 变电站 L1 线过电流 Ⅱ段保护动作，同时造成 A 变电站 10kV Ⅱ段母线电压互感器高压熔丝三相熔断，重合闸动作条件为检母有压线无压，引起 L1 线重合闸未动作。

四、启示

（1）母线电压互感器高压熔丝过电压熔断后会闭锁重合闸，按规定线路可以试送一次。

（2）母线电压互感器停役操作前应判断母线是否有接地，应将接地点隔离后，进行母线电压互感器停役操作。

第七节 电流互感器故障

案例1：电流互感器饱和引起越级跳闸事故

一、故障前运行方式

如图 2-68 所示，35kV 甲变电站 1 号主变压器供 10kV Ⅰ段母线运行，2 号主变压器供 10kV Ⅱ段母线运行，10kV 母线分段断路器断开。10kV 线路 L 在 10kV Ⅰ段母线运行。

二、故障及处置经过

某日 15:23，35kV 甲变电站 1 号主变压器低后备保护动作，主变压器低压侧断路器跳闸，10kV Ⅰ段母线及其他出线保护均无动作信号。16:15 运维人员现场检查出线 L 断路器柜后间隔门变形，电缆头下部爆裂，电缆连接母线支持绝缘子爆裂，10kV Ⅰ 段母线所属其他出线间隔、母线电压互感器间隔、站用变压器间隔及出线 L 隔离开关母线侧检查无异常。检查发现故障点在 10kV 线路 L 出口处。16:35 对出线 L 断路器停电隔离后，试送 1 号主变压器后正常。

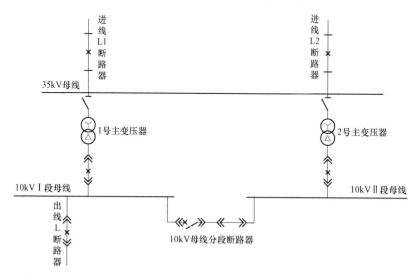

图 2-68　35kV 甲变电站一次接线示意图

三、故障原因及分析

经检查故障录波数据，10kV 线路 L 短路电流约 6.17kA，其电流互感器变比为 200/5，故障电流约为电流互感器一次额定电流的 30 倍，造成电流互感器严重饱和，进而造成 10kV 线路 L 保护拒动引发越级跳闸。

四、启示

（1）电流互感器饱和对继电保护正确动作影响巨大，一旦电流互感器发生饱和二次电流就会无法正确反应一次情况，其至发生二次完全没有电流输出的极端情况，从而造成过电流原理的继电保护装置拒动。本次越级跳闸事故是因为电流互感器饱和的原因造成。

（2）本次事故电流互感器饱和的根源是由于变比过低造成，这种情况受近年10kV 短路容量迅速增长影响而日益严重。解决这一问题的根本途径是更换变比更高、与短路容量相适应的电流互感器，从源头改善电流互感器饱和问题。在更换电流互感器之前的一段时间，可以适当降低继电保护电流定值，尽量减少电流互感器饱和带来的影响。

案例 2：220kV A 变电站 1 号主变压器第二套保护装置电流互感器异常缺陷处理

一、故障前运行方式

故障前阴雨天气，220kV A 站 1 号主变压器、2 号主变压器并列运行，110kV Ⅰ、Ⅱ 母线并列运行，35kV Ⅰ、Ⅱ 段母线分列运行。

二、故障及处置经过

某日 07:03 值班监控员发现 A 变电站 1 号主变压器第二套保护装置异常动作，通知地调。地调通知运维班，要求去现场检查。运维班汇报：现场装置液晶显示高压 1 侧、2 侧电流互感器异常、低压 1 分支电流互感器异常、中压侧电流互感器异常，上述三个告警交替出现。现场复归不了，地调随即通知变电运检室去现场准备处理。

处置经过，10:24，运维班向地调汇报：检修人员来处理过但处理不好，需厂家更换测控装置插件。地调告知继保室，厂家已经将报文带回去研究分析，看是否会有结论，次日 06:35 分 A 变电站 1 号主变压器第二套保护装置异常又动作，07:43 信号自行复归。变电运检室向地调汇报：A 变电站 1 号主变压器第二套保护装置异常动作工作结束，经厂家研发人员确认，原因为 CPU2 板异常引起，现已更换 1 号主变压器第二套保护装置 CPU2 板（后备保护），相关试验正确，定值核对无误，情况正常，可以投运。

三、故障原因及分析

经查，故障原因：A 变电站 1 号主变压器第二套保护装置 CPU2 板异常，报出第二套保护电流互感器异常维修。

四、启示

（1）1 号主变压器第二套保护装置异常后需要及时处理，尽管暂时不会影响 1 号主变压器第二套保护运行，但该信号可能发展为 1 号主变压器第二套保护故障，从而对主变压器的安全运行造成不利影响。

（2）对于需要更换备品才能处理的故障或者缺陷，需要建立系统的备品供应机制，保障备品的及时更换。

案例 3：220kV A 变电站 110kV L 线路电流互感器异常缺陷处理

一、故障前运行方式

故障前天晴，220kV A 站 1 号主变压器、2 号主变压器并列运行，110kV Ⅰ、Ⅱ 母线并列运行，35kV Ⅰ、Ⅱ 段母线分列运行。110kV L 线路正母运行，L 线所供为用户 B 变电站负荷。

二、故障及处置经过

某日 10:26 运维班在 A 变电站巡视发现缺陷并向地调汇报：A 变电站 110kV L 线路 B 相电流互感器取样阀渗油，渗油速度不快，但需要立即处理。地调随即通知检修人员去现场查看。11:23 运维班汇报地调：检修人员排查发现 A 变电站 L 线路 B 相电流互感器取样阀渗油，现在检修人员已到现场，准备处理该缺陷，对线路状态无要求。即地调向运维班许可：A 变电站 L 线路 B 相电流互感器取样阀渗油缺陷处理工作开始。12:29 运维班告知：A 变电站 L 线路 B 相电流互感器取样阀渗油缺陷处理工作结束（更换垫片），属于临时性处理措施，如果要彻底处理该缺陷，需要结合停线路处理。次日 07:00 地调通知大用户 B 变电站转移走 L 线路上的负荷地调随后将 L 线路两侧致检修处理该缺陷。

三、故障原因及分析

A 变电站 L 线路 B 相电流互感器渗油。

四、启示

（1）线路电流互感器轻微渗油时可以不必立即停役处理，待安排好运行方式再停役处理。

（2）在故障处理时地调要加强与运维班、检修部门、监控中心的联系，发令、操作汇报要符合相关的规范。

第三章　二次设备异常引起的电网故障

电力系统二次设备是对一次设备进行控制、调节、保护和监测的设备，它包括控制器具、继电保护和自动装置、测量仪表、信号器具等。

二次设备设计相对抽象和复杂，一旦发生故障将导致一次设备失去控制、调节和保护等功能，严重情况下会导致事故扩大，是需要重点关注和研究的课题。本章列举了几种典型的二次设备故障及处置思路，供读者参考。

第一节　保护设备异常导致故障

案例 1：配电变压器励磁涌流引起配电线路电流保护误动事故

一、故障前运行方式

如图 3−1 所示，110kV 甲变电站 1 号主变压器供 10kV Ⅰ 段母线运行，2 号主变压器供 10kV Ⅱ 段母线运行，10kV 母线分段断路器热备用。10kV 线路 L 在10kV Ⅰ 段母线运行。

二、故障及处置经过

在运行过程中，10kV 线路 L 发生过多次在停电或跳闸恢复送电时，过电流保护动作跳闸，自动重合闸不成功，手动试送过电流保护又动作跳闸的情况。输电人员全线路检查未发现任何问题，县调通过拉开 10kV 线路分支断路器，分别送各分支开关的方法可恢复线路送电。

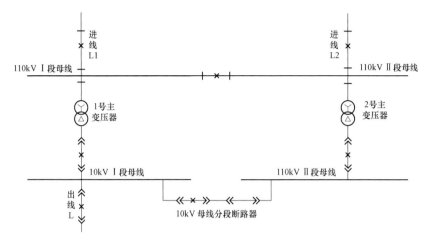

图 3-1 110kV 甲变电站一次接线示意图

三、故障原因及分析

10kV 线路一般采用三段式电流保护，作为配电线路的主保护，要求电流速断保护具有足够的敏感度，无法完全躲过励磁涌流校验。因此，10kV 线路Ⅰ段瞬时电流速断保护动作电流往往取值较小。当 10kV 线路长、分支线路多、挂接配电变压器多时，励磁涌流峰值大，由于Ⅰ段瞬时电流速断保护动作时限为 0s，合闸后，励磁涌流起始值可能大于Ⅰ段瞬时电流速断保护装置定值，出现电流速断保护误动。为躲过励磁涌流，整定计算时，在与主变压器后备保护定值匹配的前提下，可适当调大电流速断保护定值。研究表明，励磁涌流的大小将随时间增加而衰减，开始涌流大，一段时间后涌流衰减为零，一般经过 7~10 个工频周波后，涌流即可衰减到可忽略的范围。当涌流衰减到零时，线路中的电流值接近线路的负荷电流，流过保护装置的电流为线路负荷电流。为防止励磁涌流引起保护误动作，可通过提高Ⅰ段速断保护装置定值、延长动作时间来躲励磁涌流，通常在Ⅰ段电流速断保护回路加入 0.15~0.2s 延时。

四、启示

（1）对 10kV 配电线路检修作业结束后恢复送电，或者保护跳闸及线路发生故障重合不良时，可采取拉开 10kV 线路分支断路器，分别送各分支断路器，通过合理分段和分配负荷，控制一次合闸送电容量。采用分级送电，使 10kVⅠ段瞬时电流速断保护躲过励磁涌流的冲击。

（2）在 10kV 线路保护增加二次谐波制动闭锁保护功能，可在不改变原有定值的基础上，区别故障电流和励磁涌流。励磁涌流含有大量二次谐波，变压器差动保护就是利用这个特性，设定二次谐波制动来防止励磁涌流引起保护误动作。

（3）设置特殊段定值来闭锁重合闸。当线路出口故障时，短路电流可达到电流互感器一次额定电流的几十倍，此时要闭锁重合闸，防止重合闸动作再次合于故障，使变压器受大电流冲击而烧毁。

案例2：110kV A 变电站2号主变压器第一套保护装置故障现场信息汇报不准确情况分析

一、故障前运行方式

天气晴，10kV A 变电站正常运行方式，高低压侧全分列运行，由 B 线路送110kV Ⅰ 段母线、1 号主变压器及 10kV Ⅰ 段母线，由 C 线路送 110kV Ⅱ 段母线、2 号主变压器及 10kV Ⅱ、Ⅲ 段母线，110kV 备自投装置投跳闸。

二、故障及处置经过

某日，03:05 监控员发现 A 变电站 2 号主变压器第一套保护装置故障、2 号主变压器 10kV 侧Ⅲ段智能终端异常、2 号主变压器 10kV 侧Ⅱ段智能终端异常、110kV 备自投装置异常、110kV 母线分段开关智能终端异常、C 线智能终端异常、C 线智能终端 GOOSE 总告警、110kV 母线分段开关智能终端 GOOSE 总告警、2 号主变压器 10kV 侧Ⅲ段智能终端 GOOSE 总告警、2 号主变压器 10kV 侧Ⅱ段智能终端 GOOSE 总告警、2 号主变压器第一套保护装置 MMS 通信中断动作。

处置经过：03:05 地调联系运维班，告知 A 变电站有上述异常信号发出，需要现场查看。03:17 监控系统中除 A 变电站 2 号主变压器第一套保护装置故障、110kV 备自投装置异常、2 号主变压器第一套保护装置 MMS 通信中断 3 个告警信号外其余异常告警自行复归。04:23 运维班汇报地调：现场发现数据网关机、通信网关机、监控机屏后直流空气开关跳开，合上空气开关后，看信号告警已经复归一部分，后台监控还留有 110kV 备自投装置异常、2 号主变压器第一套保护装置故障、2 号主变压器第一套保护装置 MMS 通信中断 3 个异常信号。地调询问现场一、二次设备情况，运维人员汇报设备检查正常。07:14 地调通知变电运检室去现场检查，07:46 变电运检室汇报 2 号主变压器第一套保护异常，运行灯灭。08:49 经过检修人员消缺处理，所有异常信号复归，恢复正常。

三、故障原因及分析

故障原因：A 变电站数据网关机、通信网关机、监控机屏后直流空气开关跳开。

四、启示

运维人员错误汇报现场设备运行情况，误导调控员缺陷判断及处置。A 变电站 1 号主变压器保护运行灯灭是危急缺陷，必须马上处理；如果 1 号主变压器保护实际运行正常，后台报装置故障信息，则属于重要缺陷，需要检修人员尽早消缺。

运维人员汇报内容不全面。07:19 调控员得知 A 变电站 2 号主变压器第一套保护运行灯灭情况后，主动询问运维班人员 110kV 备自投是否有异常，运维人员才又补充汇报 110kV 备自投存在的异常。

调控员是电网运行及异常、事故处理的指挥者，需要及时了解现场运行设备的关键信息。运维人员有主动汇报关键信息的义务。

案例 3：110kV A 变电站 L 线路保护通道异常处置

一、故障前运行方式

故障前天晴，110kV A 变电站由 L1 线路从 220kV B 变电站主送，由 L2 线路热备用，1 号主变压器、2 号主变压器分列运行。110kV 备自投投入。

二、故障及处置经过

某日 13:15 运维班向地调汇报：A 变电站 L1 线路保护通道异常工作，检查发现保护通信光缆被施工队伍挖断。13:17 地调告知通信调度：要求去现场检查。13:20 地调告知继保科：A 变电站 L1 线路保护通信光缆被施工队伍挖断，两侧纵联保护通道异常，线路要陪停。

地调判断 L1 线路需改冷备用处理，下令将 A 变电站负荷通过合、解环、转移至 L2 线路送电后，将 L1 线路两侧改冷备用后，许可运维班：L1 线路保护通道异常缺陷处理。

三、故障原因及分析

经查，故障原因：A 站 L1 线路保护通信光缆被施工队伍挖断。

四、启示

（1）在此次事故的处理中，调度员对事故的发展走势清晰，判断正确，在 L1 线保护通断异常后，准确判断 L1 线保护已经不满足运行条件，迅速将 L1 线及其保护退出运行，避免了事故的扩大化。

（2）线路通信光缆被挖断时，线路保护通信中断，线路保护无法继续运行需要线路陪停处理。

案例4：220kV A 变电站 220kV L 线第二套
保护装置故障导致线路陪停

一、故障前运行方式

故障前天晴，220kV A 变电站 1 号主变压器、2 号主变压器并列运行，110kV 正、副母并列运行，35kV Ⅰ、Ⅱ段母线分列运行。220kV L 线路运行。

二、故障及处置经过

某日 20:29，监控中心收到 L 线第二套保护装置故障动作信号，告知调度，通知现场人员进行检查。现场二次人员检查 L 线第二套微机保护装置状态，发现第二套微机保护装置上面板和报警窗内报通信异常，对装置后板的通道收发功率进行测试，测试发现装置后板 CPU 板上光口运行异常装置型号为 RCS931A 微机保护装置。通过上述检查初步判定为 CPU 板上光口问题，因此 L 线第二套保护主保护（纵联保护）不可投入运行，22:15 省调许可将 L 线第二套保护纵联保护由跳闸改为信号。

处置经过：23:58，运维班经省调同意申请 L 线将第二套保护停役后，更换 CPU 插件上的光功率模块。更换之后，测试发送功率电平正常，保护通道恢复正常，本次缺陷消除。次日 1:35A 变电站 L 线第二套微机保护投入运行。

三、故障原因及分析

经查，故障原因：A 变电站 L 断路器第二套微机保护 CPU 板上光口运行有故障。

四、启示

L 线第二套微机保护为 RCS931 装置，在测试装置发信电平为 0 的情况下，分析缺陷原因有两个：① CPU 插件故障，若整个 CPU 插件更换，即需做整套的保护试验工作；② 装于 CPU 插件上的功率模块故障，若仅更换功率模块能恢复正常，只做发送功率电平测试即可，无须其他试验。

案例 5：220kV A 变电站 110kV L 线路保护装置故障导致线路陪停

一、故障前运行方式

故障前天气晴朗，如图 3-2 所示，110kV 母线分段断路器热备用 L 线路对侧为 220kV A 变电站。110kV B 变电站 1、2 号主变压器分列运行，其中 1 号主变压器由 L 线路供电。

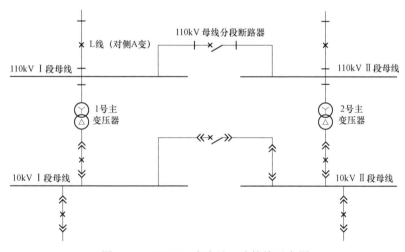

图 3-2　110kV B 变电站一次接线示意图

二、故障及处置经过

某日 15:02 监控中心发现 A 变电站 L 线路保护装置故障频繁动作复归，汇报地调，并通知运维班和检修去现场检查。15:27 检修现场检查，并向地调汇报：A 变电站 L 线路保护装置运行灯灭，需要回单位取备品来更换，该保护已经不具备运行条件，需要线路陪停。

处置经过：15:36 地调向领导汇报后即向监控中心正令：B 变电站合上 110kV 母分断路器（合环），B 变电站拉开 L 断路器（解环），15:41 监控中心操作完毕向地调汇报。15:45 地调向运维班正令：A 变电站 L 线路由运行改冷备用，A 变电站 L 线路保护由信号改跳闸，A 变电站 L 线路由冷备用改检修，B 变电站 L 线路由冷备用改检修，16:21 运维班操作完毕汇报地调。随即地调许可运维班开始 A 变电站 L 线路保护装置故障缺陷处理工作。

三、故障原因及分析

经查，故障原因：A 变电站 L 保护装置电源板故障。

四、启示

（1）110kV 线路只有一套线路保护时，该线路保护故障，保护运行灯灭时，说明保护不满足运行条件，线路需要陪停，防止线路故障需要越级至上级设备，造成事故扩大。

（2）线路保护故障信号是紧急信号，该信号动作之后要第一时间通知相关调度，并通知运维班去现场检查。

案例 6：10kV 线路保护测控装置通信中断故障

一、故障前运行方式

如图 3-3 所示，35kV A 变电站正常运行方式，10kV 母线并列运行，L1 线路运行。

图 3-3　35kV A 变电站 10kV 母线运行方式图

二、故障及处置经过

某日 15:20，A 变电站 L1 保护测控装置通信中断告警动作，检查潮流显示不变化，A 变电站其他间隔无异常及告警信息，地调通知运维人员检查。

16:01，变电运检班人员检查汇报 L1 间隔保护测控装置呈死机状态，要求重启该间隔保护测控装置电源。

16:05，经请示公司分管领导及继电保护专职后，同意对 A 变电站 L1 间隔保护测控装置电源热启动，但电源重启后保护测控装置仍处于死机状态，检修人员判断保护测控装置故障要求该线路断路器退出运行。

16:18，A 变电站 L1 断路器改冷备用（遥控拉断路器无法执行，就地操作）。

18:46，A 变电站 L1 保护测控装置更换测控装置 CPU 主板后恢复正常，间隔重新投运。

三、故障原因及分析

A 变电站 L1 保护测控装置通信中断告警主要原因是装置 CPU 主板烧坏。

四、启示

本次事故暴露出的主要问题及防范措施：

（1）A 变电站 L1 线路保护测控装置 CPU 主板烧坏，导致该间隔短时无保护运行，调控值班人员在判断该故障时不应简单认为保护测控装置通信插件故障不影响一次设备，一旦是保护主板故障，该线路故障将造成越级跳闸事故。

（2）判断保护测控装置通信中断热启动装置电源操作要结合线路本身状态、当时天气原因及其他因素，并汇报公司分管领导及保护专职，经同意可以热启动操作。

（3）在确认不属于通信插件或保护测控装置数据卡死，经热启动不能消除故障的，需要立即停用一次设备，防止出现越级跳闸事故。

案例 7：10kV 线路光差通信中断故障

一、故障前运行方式

A 变电站 10kVⅡ段母线检修工作结束并已恢复送电，准备恢复 10kVⅡ段母线上专线 L1、L2 等间隔送电，A 变电站 10kVⅡ段母线运行，L1、L2 断路器及线路检修，高压配电侧线路检修，如图 3-4 所示。

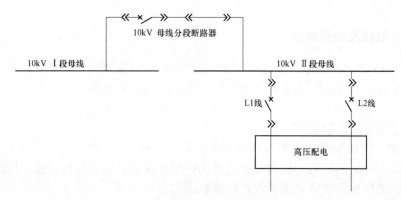

图 3-4 A 变电站 10kV 母线运行方式

二、故障及处置经过

某日 20:02：A 变电站执行 10kVⅡ段母线复役操作，当值调控员发现 L1、L2（光伏电站并网线路）两个间隔光差通信中断，此时已完成母线复役操作，L1、L2 间隔在冷备用状态（光伏电站侧冷备用）准备下令前发现上述两个间隔光纤线路保护通信中断，即停止操作。

20:25：运维人员汇报 L1、L2 间隔变电站侧检查无异常。

22:10：光伏电站值班员汇报用户高压配电侧检查发现其进线断路器保护屏无电，直流回路电压只有 30 多伏，经询问发现蓄电池电源在早上线路停役后未断开，导致蓄电池一直处于放电状态，因检修停电时间较长（5:30 左右停役），造成蓄电池直流电压严重不足，因光伏并网线路采用光纤线路保护，光纤线路保护失去作用。

22:16：经请示分管领导同意，在线路后备保护无异常情况下，对光伏电站先行恢复送电，确保电站侧有电并对蓄电池充电，同时敦促其控制负荷。

3:02：A 变电站 L1、L2 两间隔光差通信中断信号复归。

三、故障原因及分析

A 变电站 L1、L2 间隔发光纤线路保护通信中断是由于光伏电站（两条专线均为同一用户）高压配电侧进线断路器保护屏直流断电引起，直流断电原因是电站侧在停役操作后未断开直流蓄电池电源，蓄电池一直处于放电状态，并导致直流电压不足。

四、启示

本次事故暴露出的主要问题及防范措施：

（1）采用光纤线路保护的线路，用户侧停电后需要提醒用户断开直流回路，防止出现蓄电池（或不间断电源）放电，导致线路恢复后光纤线路保护失去作用。

（2）采用光纤线路保护的线路，需要用户定期检查用户侧保护装置情况，重点做好蓄电池检查，对运行年限长、蓄电池老化等要及时敦促用户进行更换。

（3）采用光纤线路保护通信电缆通道要定期开展巡检，防止出现因各类原因造成光差通信中断的情况。

（4）调控员开展光纤线路保护相关专业知识的学习，并结合类似故障开展应急演练。

第二节 自动装置异常导致故障

案例1：A 变电站 110kV、10kV 备自投动作分析

一、故障前运行方式

故障前雷阵雨，110kV A 变电站 1 号主变压器、2 号主变压器高压侧和低压侧均分列运行，见图 3-5。

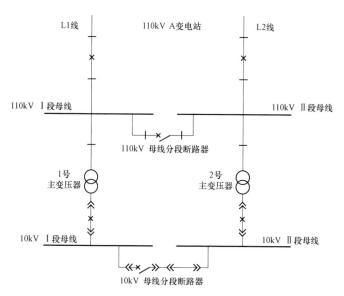

图 3-5 110kV A 变电站一次接线示意图

二、故障及处置经过

7月30日23:02，110kV L1线电源侧距离Ⅱ段，零序Ⅱ段保护动作，断路器跳闸，重合不成。线路跳闸引起负荷侧A变电站110kV备自投动作跳L1断路器，合110kV母线分段断路器，10kV备自投动作，跳2号主变压器10kV断路器，合10kV母线分段断路器，导致A变电站10kVⅡ母线瞬时失压。具体动作时间：

23:02:08 电源侧L1线距离、零序Ⅱ段保护动作，断路器跳闸；

23:02:10 电源侧L1线线重合闸动作，后加速动作，断路器跳闸；

23:02:15 A变电站110kV备自投装置动作，L1断路器分闸，110kV母线分段断路器合闸；

23:02:15 A变电站10kV备自投装置动作，2号主变压器10kV断路器分闸，10kV母线分段断路器合闸；

31日00:12 运维人员电源侧检查现场一、二次设备检查无异常；

00:24 地调许可输电运检中心L1线路事故带电巡线工作；

00:32 A变电站现场一、二次设备检查无异常；

00:54 A变电站2号主变压器10kV断路器合闸（并列）；

00:55 A变电站10kV母线分段断路器分闸（解列），10kV恢复正常方式；

08:17 输电运检中心汇报巡线结果：19号塔A相蛇从耐张绝缘子串爬过造成放电，有轻微放电痕迹，不影响运行；

08:23 电源侧L1线断路器试送成功；

08:24 A变电站L1断路器遥控合闸；

08:25 A变电站110kV母线分段断路器遥控分闸，A变电站恢复正常运行方式。

三、故障原因及分析

A变电站110kV备自投母线有压定值为70V，无压定值为25V，跳闸时间为5s，合闸时间为0.2s。

A变电站10kV备自投母线有压定值为70V，无压定值为20V，跳闸时间为6.5s，合闸时间为0.2s。

从前述保护报告看，A变电站110kV备自投有两次启动，且间隔时间与L1线重合闸时间1.5s吻合，查看110kV备自投两次启动录波波形及10kV备自投动作波形，可以看到，在L1线重合闸成功后加速跳闸的约40ms内，110kVⅡ段 U_{AB} 及 U_{BC} 均存在约为80V电压，大于有压70V定值。如图3-6～图3-8所示。

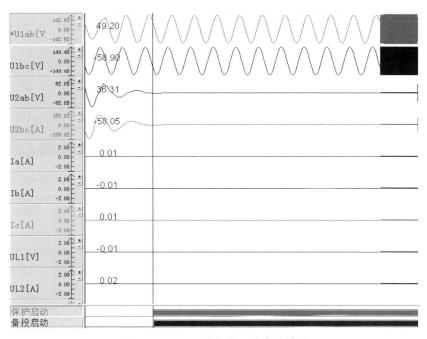

图 3-6　110kV 备投第一次启动波形

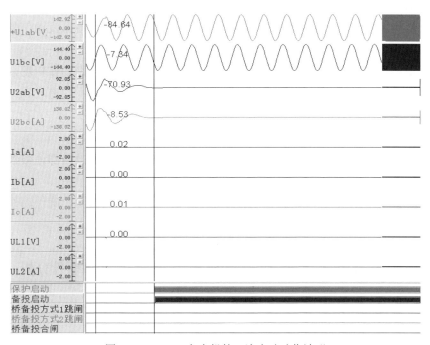

图 3-7　110kV 备自投第二次启动动作波形

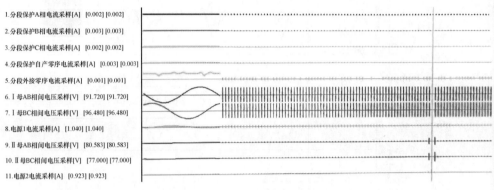

1.分段保护A相电流采样[A] [0.002] [0.002]

2.分段保护B相电流采样[A] [0.003] [0.003]

3.分段保护C相电流采样[A] [0.002] [0.002]

4.分段保护自产零序电流采样[A] [0.003] [0.003]

5.分段外接零序电流采样[A] [0.001] [0.001]

6. Ⅰ母AB相间电压采样[V] [91.720] [91.720]

7. Ⅰ母BC相间电压采样[V] [96.480] [96.480]

8.电源1电流采样[A] [1.040] [1.040]

9.Ⅱ母AB相间电压采样[V] [80.583] [80.583]

10.Ⅱ母BC相间电压采样[V] [77.000] [77.000]

11.电源2电流采样[A] [0.923] [0.923]

图 3-8　10kV 备自投动作波形

从上述波形看，在 L1 线重合成功至后加速跳开约 40ms 时段里，110kV 和 10kV Ⅱ段母线均感受到了约 80V 的二次电压，大于有压判定 70V 定值。结合两台装置为不同厂家产品，询问厂家技术人员，110kV 备自投装置，在装置感受到恢复有压后保护装置立即复归，所以才有前述的两次启动事件。10kV 备自投，在启动后，若备自投动作条件不满足，如前述母线电压大于有压值，则装置停止计时，直到装置整组复归（10s）。若在整组复归前，重新满足备自投动作条件后继续计时。

综上所述，本次 A 变电站出现了 110kV、10kV 备自投分别动作情况，原因是备自投装置启动后，过程中出现不满足动作条件的处理机制不同造成。

四、启示

（1）对 A 变电站 10kV 备自投装置程序进行优化，对备自投内部计数器清零方式做更改。

（2）变电站投产对 110kV 和 10kV 备自投试验进行系统试验，确保动作逻辑正常。

案例 2：110kV A 变电站主变压器差动保护误动作事件分析

一、故障前运行方式

如图 3-9 所示，110kV A 变电站由 L1 线路单线送电，L2 线路检修，1、2

号主变压器 110kV 并列运行。

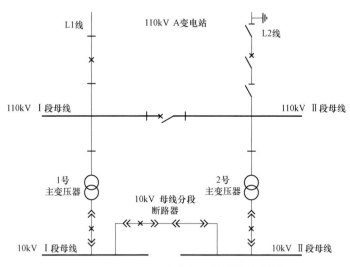

图 3-9　110kV A 变电站一次接线示意图

A 变电站为智能变电站，采用合并单元实现电流、电压采集，智能终端实现跳闸出口。主变压器保护为双重化配置、主后一体。

二、故障及处置经过

2015 年 7 月 2 日，09:34 运维班汇报地调，在 L2 线停役操作完成后，A 变电站 1、2 号主变压器差流越限告警（差流为 0.92A）。

现场查看装置，1 号主变压器第一套、第二套保护差流越限，装置面板运行异常灯亮。

09:41 变电运检室检修人员汇报调度申请将 1 号主变压器第一套、第二套差动保护退出，09:54 运行人员汇报 1 号主变压器第一套、第二套差动保护已退出（操作监控后台软压板）。检修人员咨询厂家后，分别将第一套、第二套保护掉电重启后，第二套保护运行异常灯灭，差流恢复正常；但第一套保护差流依然存在，装置运行异常，灯未熄灭，装置保护软件版本及校验码，管理软件版本及校验不能正常显示。11:05 检查发现第二套保护软件校验码错误（装置显示 D652，实际应为 F800），随即与厂家确认，是否可投入运行。12:20 厂家答复装置显示校验码 D652 为差动保护校验码，而 F800 是差动保护校验码与后备保护校验码合并生成的校验码，应为装置管理板未能读取后备保护校验码而导致，不影响保护功能，第二套保护应能正常投运。

12:28 A 变电站 L1 线断路器、110kV 母线分段断路器、1 号主变压器 10kV 断路器跳闸，A 变电站全站失压。现场检查，发现 1 号主变压器第一套保护跳闸灯亮，但装置记录及监控系统均无任何告警信息，此时也未发现系统有故障。

13:22 调度令运维人员合上 L1 断路器、1 号主变压器第一套保护改信号、合上 110kV 母线分段断路器、10kV Ⅰ/Ⅱ 母线分段断路器，A 变电站恢复送电。

16:07 1 号主变压器第一套保护再次动作，跳开 L1 断路器，A 变电站再次失电（此时 10kV 有合环操作）。调度令运维人员断开 1 号主变压器第一套保护所有 GOOSE 跳闸光纤，合上 L1 断路器，A 变电站恢复送电。

三、故障原因及分析

（1）装置定值参数（见表 3－1）。

表 3－1 定 值 参 数

序号	定值名称	整定值
1	主变压器高、中压侧额定容量	50MVA
2	高压侧额定电压	110kV
3	低压侧额定电压	10.5kV
4	高压侧 TA 变比	600/5
5	高压桥侧 TA 变比	600/5
6	低压侧 TA 变比	4000/5
7	差动启动值	$0.5I_e$（1.09A）
8	差流越限告警定值	0.5 倍差动启动值（0.55A）
9	高压侧额定电流 I_e	2.18A

（2）1 号主变压器两套装置启动和差流越限告警分析。

1 号主变压器第一套保护动作前启动波形录波图如图 3－10 所示。

依据录波波形分析，装置差流大于 0.9 倍差流启动门槛 0.98A，满足差动启动条件启动；与此同时，由于差流越限固定区 0.5 倍差流启动门槛 0.55A，达到告警延时后发差流越限告警并点亮运行异常告警灯并发信。

（3）1 号主变压器第一套保护第一次动作分析。1 号主变压器第一套保护 12:26:39:020 动作录波图如图 3－11 所示。

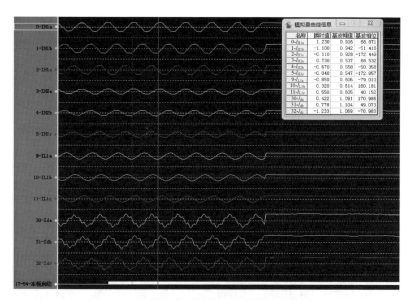

图 3-10 1 号主变压器第一套保护动作前波形

注：I_{H1a}、I_{H1b}、I_{H1c} 为高压侧三相电流；I_{H2a}、I_{H2b}、I_{H2c} 为桥侧三相电流；I_{L1a}、I_{L1b}、I_{L1c} 为低压侧三相电流；I_{da}、I_{db}、I_{dc} 为差分后的三相差流。

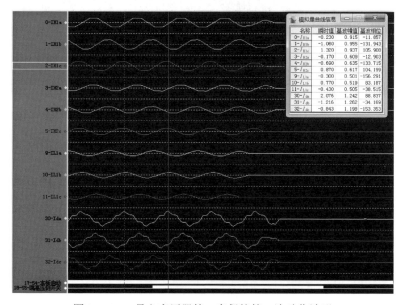

图 3-11 1 号主变压器第一套保护第一次动作波形

注：I_{H1a}、I_{H1b}、I_{H1c} 为高压侧三相电流；I_{H2a}、I_{H2b}、I_{H2c} 为桥侧三相电流；I_{L1a}、I_{L1b}、I_{L1c} 为低压侧三相电流；I_{da}、I_{db}、I_{dc} 为差分后的三相差流。

依据录波波形分析可知，在保护动作时刻，A 相差流为 1.24A，制动电流为 0.94A，落在差动保护第一折线动作区内，满足差动保护动作条件。

（4）1 号主变压器第一套保护第二次动作分析。1 号主变压器第一套保护 16:07:04:098 动作录波图如图 3-12 所示。

依据录波波形分析可知，保护动作时刻，A 相差流为 1.55A，制动电流为 0.76A，落在差动保护第一折线动作区内，满足差动保护动作条件，因此保护动作。

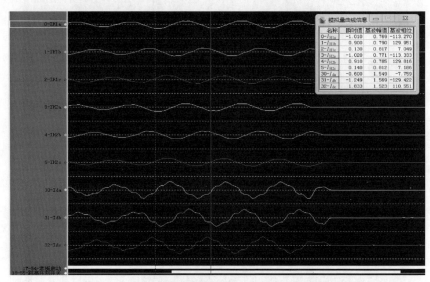

图 3-12　1 号主变压器第一套保护第二次动作波形

注：I_{H1a}、I_{H1b}、I_{H1c} 为高压侧三相电流；I_{H2a}、I_{H2b}、I_{H2c} 为桥侧三相电流；
I_{L1a}、I_{L1b}、I_{L1c} 为低压侧三相电流；I_{da}、I_{db}、I_{dc} 为差分后的三相差流。

原因分析：

（1）主变压器第一套差动保护未实际退出。经现场调取 1 号主变压器第一套保护装置动作后内存数据分析，发现 1 号主变压器第一套差动保护并未实际退出，与通过装置面板查阅差动保护状态不一致（装置面板查阅 1 号主变压器第一套差动保护为退出状态）。

具体原因分析如下：

1）保护装置总线架构。主变压器保护装置总线包括数据总线、I_0 总线、管理总线，三条总线均通过总线板与各板件进行数据交互，三者在硬件上相互独立。

数据总线：用于实时性要求高的数据传输，如交流量报文信息、面向对象变电站通用事件（GOOSE）报文信息传输等；

I_0 总线：为控制总线，用于控制整装置中断时间、同步信息等；

管理总线：用于实时性要求不高的信息交互，如定值、保护事件。

2）管理总线异常中断对保护装置的影响。影响参数、定值、软压板下装；影响事件、告警、自检信息传输和显示板正常显示；此时如数据总线和 I_0 总线正常，保护功能不受影响。

3）实际不对应及动作后无相关记录分析。当监控后台下发退出差动功能软压板命令到装置后，装置管理板接受遥控选择并进行固化，在其成功固化后即回复后台遥控成功，并同时进行向各子板下装。但此时由于该装置管理总线已处于通信异常状态，导致管理板定值无法正常下装至保护板，同时保护板也由于通信异常无法完成软压板 CRC 自检校验及自检异常信息上送；同时，保护板也无法将相关动作信息送管理板，导致动作后装置及后台均无相关记录。

4）装置管理总线异常原因。现场测量装置总线板交换芯片电源模块输出电压引脚，实际测量电压为 4.2V 和 2.3V，低于正常电压 5V，因此，本次管理总线异常是因总线板交换芯片电源模块异常引起。

（2）主变压器差动保护 110kV 母线分段电流互感器极性设置错误。现场调取 1 号主变压器第一套保护装置动作后内存数据分析，发现第一套差动保护 110kV 母线分段电流互感器极性设置错误（正极性），与通过装置面板查阅差动保护 110kV 母线分段电流互感器极性设置不一致（反极性）；现场调取 1 号主变压器第二套保护装置内存数据分析，发现第二套差动保护 110kV 母线分段电流互感器极性正确，与通过装置面板查阅差动保护 110kV 母线分段电流互感器极性设置一致（反极性）。

注：1 号主变压器第一套、2 号主变压器第一套共用 110kV 母线分段断路器第一套合并单元，且电流通道相同；1 号主变压器第二套、2 号主变压器第二套共用 110kV 母线分段断路器第二套合并单元，且电流通道相同。主变压器差动保护 110kV 母线分段电流互感器极性设置参数为厂家设置参数，未对运行检修开放。

四、启示

（1）完善保护装置参数下装及软压板投退机制。本次主变压器差动保护动作出口的根本原因，是由于差动保护未实际退出，导致差流满足动作条件后出口动作。

首先为避免在装置管理总线异常情况下，后台下发软压板遥控命令装置反馈下装成功而保护板实际未下装成功的问题，优化软压板遥控下装流程，如果管理板向子板下装不成功，装置应通过管理板发定值自检异常告警；其次完善保护功能软压板投退"双确认"机制。

已要求设备厂家尽快完成参数下装及软压板投退机制完善。在未完成软件升级前，建议暂停相同型号保护装置监控后台软压板投退操作，改为装置面板操作。

同时，要求厂家针对总线板交换芯片电源模块异常原因进行分析，明确是否为批次问题。

（2）进一步加强智能变电站技术培训。本次事件暴露出专业技术人员对智能站技术原理、装置内部架构等方面的不足，对一些异常问题对保护装置运行的影响估计不足，有依赖厂家的倾向。因此，应改变专业技术人员一直以来，重保护功能逻辑和外回路、轻装置内部架构和数据通信的专业工作思路，统筹安排智能变电站技术原理和装置本体技术培训，提高专业技术人员在面对智能变电站保护缺陷时的判断能力和处置水平。

（3）编制智能变电站运行检修规范和缺陷处理手册。组织调控、检修、运行人员，8月底完成智能变电站运行检修规范编制，明确设备定值管理、停役方式、压板操作要求；9月底出台智能变电站缺陷处理手册，重点明确不同设备缺陷处理前的安全措施要求和处理后的试验要求。

第三节　自动化、直流设备异常导致故障

案例1：220kV F 变电站全停事故

一、故障前运行方式

如图 3-13 所示，220kV F 变电站为终端变电站，电源由 E 变电站 L2 线送电，A 电厂由 L1 线并网至 B 变电站。L1 线配置两套保护（RCS931/CSC103），L2 线配置两套保护（WXH803，PSL603）。

二、故障及处置经过

2013 年 3 月 24 日 02:25:51:272，L1 线路因风筝挂线发生 AB 相间短路，两侧两套主保护（RCS931/CSC103）正确动作，断路器三跳，故障测距距 A 电厂

7.7km，距 B 变电站 10.69km（全长 16.859km）。

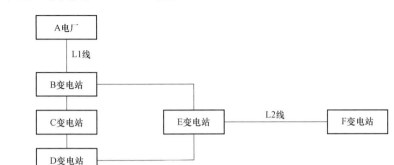

图 3-13　220kV F 变电站网接线图

2013 年 3 月 24 日 02:26:02:744（$\Delta t = 11.472s$），E 变电站 L2 线 WXH803 保护距离三段动作，跳开 L2 断路器。同时 L2 线 PSL603 保护启动、未动作。对侧 F 变电站相关保护未动作出口。对侧 F 变电站由 E 变电站单电源供电，因此 F 变电站全停。

事故发生后，地调当值调度员经过分析及时发令，将原先由 F 变电站主变压器所带的负荷由 110kV 联络线转供，及时恢复负荷，未造成太大损失。

三、故障原因及分析

在事故后现场对 E 变电站 L2 线 WXH803 保护做了下述相关试验。针对录波图上 11s 后电压消失的情况对保护的采样值进行了检查，电压、电流加 10V/1A、20V/2A、57.7V/5A，采样值显示正确。

加入负荷电流、正常电压，在保护启动未复归时，拉开空气开关，距离三段动作。保护启动复归后，拉开空气开关，保护报电压互感器断线，距离三段不动作。保护动作逻辑正确，验证了复归时间为 7s（要求复归时间为 5~7s），对 WXH803 保护屏电压切换回路进行了检查，操作箱电压切换继电器正常，电压回路正常。

L1 线 AB 相故障时，L2 线 WXH803 保护启动。WXH803 保护中三相母线电压突然消失，因保护仍处于启动后的故障处理程序中，不判电压互感器断线，距离三段出口。WXH803 保护外部电压突然失去是此次保护误动的主要原因。

WXH803 保护外部电压突然失去具体原因分析如下：

E 变电站直流系统结构如图 3-14 所示。

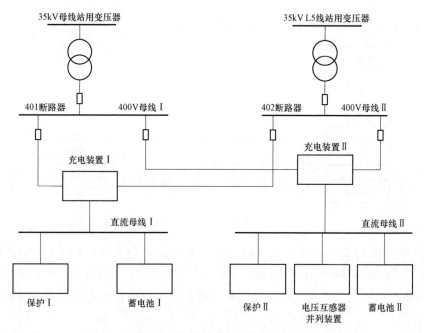

图 3-14 E 变电站直流系统结构图

2013 年 3 月 24 日 02:25:51:272，L1 线路发生 AB 相间短路，E 变电站 220kV 母线 AB 相电压降至正常电压 50%左右，35kV 母线电压也随之下降，E 变电站 1 号站用变压器（35kV 侧电压取自本站一段母线）、35kV L5 线 2 号站用变压器（35kV 侧电压取自本站 L5 线路，由 F 变电站 T 接）低压侧的 401、402 断路器同时失压脱扣跳开，两组充电装置同时失去交流电。此时，全站直流系统由两组蓄电池（蓄电池厂家为 GNB）分别送两段直流母线。其中 I 段直流母线上接有 220kV 线路保护、主变压器保护的第一套保护及母差保护。II 段直流母线上接有 220kV 线路保护、主变压器保护的第二套保护及电压互感器并列装置。

随后，II 段直流母线电压发生异常，电压下降为 69.2V。运行中的 220kV 线路保护、主变压器保护的第二套保护均报"直流电源消失"信号。除 L2 线 WXH803 保护外的全站第一套保护及母差保护均报"电压互感器断线"信号。

因为 220kV 电压互感器并列装置使用的直流电源接于 II 段直流母线，在 II 段直流母线电压异常后，220kV 电压互感器并列屏中交流电压切换继电器失去直流电压后导致了全站保护失去母线电压。因为此时第二套保护直流已消失，所以只有第一套保护及母差保护报"电压互感器断线"信号。

WXH803 保护因为在区外 AB 相间短路故障发生后启动未复归，一直处于故障处理程序，不能判电压互感器断线，因此距离三段动作出口跳闸。

所有保护的"电压互感器断线"信号直到运行人员赶赴现场，恢复充电装置的交流电源后，于 04:05 恢复。

四、启示

这是一起较为特殊的电网事故，由于电网中某些特定线路的故障导致电网电压变化，从而波及其他变电站中相关设备跳闸。通过这起事故，我们可以采取的措施有：

（1）在电网发生较为特殊的事故时，当值调度员为避免负荷损失时间过长，可以暂时将跳闸设备搁置，通过其他供电途径恢复停电负荷。

（2）建议变电站站用变压器低压侧 401/402 断路器失压脱扣装置带一定延时（例如大于 200ms），以躲过系统快速保护动作时间。

（3）调度员平时应注意积极参与特殊事故的分析，积累经验，不断提高事故处理能力。

（4）目前调度员的培训重点在于电网及一次、二次设备，对于变电站内交直流低压部分的培训尚有欠缺，应进行补缺培训。

第四章 电厂及大用户故障

电厂及大用户作为电力系统的组成部分，接受调度管辖。由于电厂及大用户受企业实力影响，设备运行状况和人员综合素质参差不齐。电厂及大用户侧的故障对电网造成冲击，对网源荷平衡造成影响。本章列举了几例典型的电厂及大用户故障及处置思路，供读者参考。

案例 1：光伏电站侧线路压变故障引起电网侧断路器跳闸

一、故障前运行方式

故障前天气晴朗，220kV A 变电站 35kV AB 线主送 35kV B 变电站，35kV 光伏电站 D 变电站 T 接在 35kV AB 线上（D 变电站机组地调调度，线路由县调调度（地调许可），35kV B 变电站由 AB 线送电 35kV BC 线热备用，如图 4-1 所示。

二、故障及处置经过

某日 01:27，220kV A 变电站 35kV AB 线路距离 I 段保护动作，断路器跳闸，重合不成。造成 35kV B 站 35kV 故障解列、备自投动作，跳开 311 断路器，合上 312 断路器，恢复 B 变电站供电，瞬时甩负荷 10MW，给居民生活带来不良影响。

处置经过：01:29 县调检查 35kV B 变电站保护动作情况后，送出被故障解列装置跳闸的线路。01:30 县调调控员通知变电运维人员检查各侧变电站，通知线路运维人员巡线，告知地调 35kV 光伏电站 D 变电站进线故障停役。02:00 经变电运维人员检查，A 变电站、B 变电站站内设备检查均无异常，故障测距 11.03km，故障相 BC 相，电流 14.56A。02:10 线路运维人员巡线未发现明显故障点，要求试送线路。02:20 35kV D 变电站值班人员确证 D 变电站 321 断路器在热备用。02:25

调控员遥控合上 220kV A 变电站 301 断路器，试送失败。02:30 县调再次通知各侧变电站、线路、D 变电站检查设备，排查故障。8:30 D 站值班人员汇报进线 AB 线线路电压互感器烧毁。09:00 D 变电站进线 AB 线断路器改冷备用，线路电压互感器柜改检修隔离故障，等待处理。09:25 调控员遥控合上 220kV A 变电站 301 断路器，情况正常。09:45 县调遥控合上 35kV B 变电站 311 断路器，拉开 312 断路器，恢复正常运行方式。

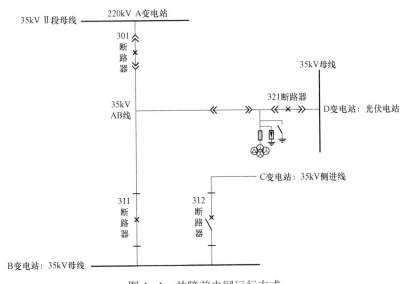

图 4-1　故障前电网运行方式

三、故障原因及分析

经查，故障原因为 35kV 光伏电站 D 变电站 35kV 进线 AB 线线路电压互感器烧毁，造成 BC 相短路故障。由于 D 变电站进线 AB 线线路电压互感器柜在 321 断路器线路侧，不在电站侧保护范围内，因此，220kV A 站 35kV AB 线路保护动作跳闸；同样 D 变电站 321 断路器拉开不能隔离进线 AB 线线路电压互感器柜内故障，造成第一次试送失败。35kV 光伏电站进线 AB 线线路电压互感器故障不在线路运维人员巡线范围，线路运维人员不能发现故障；35kV 光伏电站 D 变电站值班员对故障研判认识不够，未及时检查线路电压互感器柜等站内设备，延误故障判断和处理。

四、启示

排查所有光伏电站线路，梳理电网侧线路断路器保护范围，类似线路故障后，同时通知变电站、线路、光伏电站运维人员检查各自设备。

案例2：光伏电站进线断路器因站内35kV母线
电压互感器故障导致故解动作异常分闸

一、故障前运行方式

天晴，故障发生之前，电网运行方式如图4-2所示，A变电站正常运行方式，L线接于35kVⅡ段母线运行，P光伏接L线P支线线路运行。

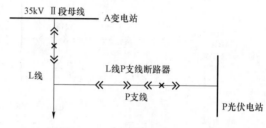

图4-2　故障前电网运行方式

二、故障及处置经过

某日17:43发现P光伏电站35kV故障解列装置过电压解列动作，L线P支线断路器跳闸。17:44监控员汇报地调：L线P支线断路器跳闸，并通知运维班去现场检查。20:21运维班从A变电站现场汇报：A变电站L线路保护检查正常，无启动。1号主变压器故录无启动。09:18地调向运维班发令：P光伏L线P支线线路改冷备用，09:42运维班操作完毕汇报地调。11:40 P光伏电站向地调汇报：经对故障解列装置进行欠电压、过电压、低频、高频试验均正常，35kV故障解列装置功能正常，但是35kV母线电压互感器B相试验结果不合格，需要三相整组更换。09:21地调安排P光伏35kV母线电压互感器冲击、核相及35kV故障解列装置试验。10:26 P光伏恢复正常运行方式。

三、故障原因及分析

经查，故障原因：因P光伏电站的35kV母线电压互感器本身工艺质量问题导致二次电压异常，引起35kV故障解列装置过电压/低电压解列动作。

四、启示

（1）L线P支线保护报母线电压互感器断线告警，而故障解列装置未报，因而故解装置过电压、低电压解列功能未闭锁。进一步分析这两台装置对电压互感器断线告警的不同判别要求，线路保护电压互感器断线告警，只要任一线电压小于70V即报警；而故障解列装置需比较自产$3U_0$和外接$3U_0$的电压差值大于8V方能报警，可判断当时发生的电压互感器断线不应是电压互感器二次回路问题，而是一次系统电压或母线电压互感器本身有问题。

（2）若是故解装置过压解列动作跳开35kV线路断路器后，低压解列达到动作值（任一线电压小于70V）启动，需经1.1s才能动作出口，而上述信息显示两者动作时间仅差0.35s，说明低压解列的启动不是在过电压解列跳开P支线后，而应该比过电压解列更早启动。

案例3：光伏电站故障解列未正确动作引起线路重合失败事故

一、故障前运行方式

如图4-3所示，甲变电站10kV乙线为带分布式电源的线路，该线路带线路

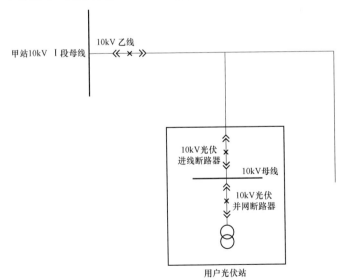

图4-3　故障前电网运行方式

电压互感器,重合闸检无压,分布式光伏站为用户产权,正常运行方式下,光伏站侧 10kV 乙线上有分布式电源上网发电及普通的用电高压配电负荷。

二、故障及处置经过

某日 20:45,甲变电站 10kV 乙线零序 I 段保护动作,乙线断路器跳闸,重合失败。当天运维人员巡线汇报全线无异常,但用户光伏值班员汇报其光伏并网断路器并未解列,其故障解列装置未动作,光伏站的各逆变器侧已经离网。21:57分,调度员发令将用户光伏进线断路器拉开,于 22:05 将 10kV 乙线试送成功。

三、故障原因及分析

10kV 乙线上发生瞬时故障,系统侧线路保护正确动作跳闸,而在重合闸过程中,由于线路上光伏站侧断路器未及时解列,造成该光伏机组对 10kV 乙线电压保持,导致重合闸时检测到线路有残压而不重合,造成停电范围扩大至 10kV 乙线全线路。

四、启示

(1)要求所辖分布式光伏用户对故障解列保护装置进行试验、检查,并提交试验验收报告,严禁线路跳闸时光伏并网断路器不能正确跳开,防止扩大故障范围。

(2)在可行性研究接入方案阶段,做好相关的方案评估,将线路上的光伏装机总容量严格控制在线路最高负荷的 30%以内,以降低线路跳闸时光伏站电压保持的概率。

(3)对有大容量接入的变电站出线重合闸定值的重合时间从原来的 1.0s 延长至 2.0s,以躲过大容量分布式光伏站故障解列保护未正确动作带来的残压影响。

案例 4:用户变电站设备故障越级引起 35kV AB 线路跳闸事故分析

一、跳闸前运行方式

如图 4-4 所示,220kV A 变电站 35kV AB 线路送用户变电站全站负荷(跳闸前 3.19MW),AB 线为架空线电缆混联线路,重合闸正常不投。

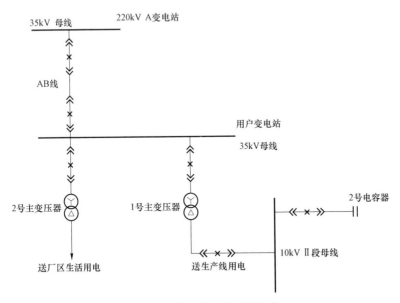

图 4-4　故障前电网运行方式

用户变电站 35kV 2 号主变压器运行（送厂区生活用电），35kV 1 号主变压器运行（用生物科技生产线用电）。1、2 号主变压器 10kV 侧无法并列。AB 线路产权归用户变电站，巡线许可单位为用户变电站。

二、故障及处置经过

2019 年 6 月 16 日 16:38，220kV A 站 35kV AB 线距离 I 段保护动作，断路器跳闸，AC 相故障，测距 2.7km；线路全长 2.77km。

（1）跳闸后，县调马上通知变电运维班、用户变电站检查现场设备。

（2）17:10 用户变电站汇报：现场检查发现 10kV II 段母线上 2 号电容器冒烟，现站内全站失压，蓄电池坏掉，其余信息无法查阅。

（3）18:00 220kV A 站汇报 35kV AB 线距离 I 段动作，AC 相故障，测距 2.7km，线路全长 2.77km，一二次设备查无异常。

（4）18:10 用户变电站汇报 35kV AB 线路巡线无异常，35kV 母线及母线设备检查无异常，35kV 1 号主变压器轻瓦斯动作发信，现 1 号主变压器已改冷备用隔离。

（5）18:27 35kV AB 线路试送成功。

2019年6月17日7:50用户变电站汇报昨晚初步检查发现1号主变压器35kV C相套管绕组线圈断线，2号电容器BC相有明显鼓包（C相鼓包非常严重）。

2019年6月18日12:40问得1号主变压器准备返厂大修。

三、故障原因及分析

（1）装置定值参数。

用户变电站参数：

型号：S11-5000/35，容量：5000kVA，联结组别：Dy11，短路阻抗7.35%。

磐能DMP317:35kV侧，见表4-1。

表4-1　　　　　　　　　1号主变压器35kV侧保护整定单

序号	定值名称	整定值
1	速断电流	4.2A
2	过电流	1.62A
3	过负荷	1.3A
4	速断电流时间	0.2s
5	过电流时间	1.7s
6	过负荷	9s

磐能DMP317:10kV侧，见表4-2。

表4-2　　　　　　　　　1号主变压器10kV侧保护整定单

序号	定值名称	整定值
1	速断电流	6.88A
2	过电流	2.7A
3	过负荷	2.2A
4	速断电流时间	0.2s
5	过电流时间	1.4s
6	过负荷	9s

电容器：DMP-231C，见表4-3。

表 4-3　　　　　　　　　　　2 号电容器保护整定单

序号	定值名称	整定值
1	限时速断电流	9A
2	限时速断延时	0.2s
3	过电流	4.2A
4	过电流时间	0.5s
5	过压定值	120V
6	过压延时	0.5s
7	低压定值	60V
8	低压延时	0.8s
9	不平衡电压定值	3V
10	不平衡电压延时	0.2s

（2）动作分析。因用户变电站高压配电侧监控系统有问题，无法查到故障时信号，仅保护装置内有信号。

装置内信号。

1）35kV 侧，2099-19-1A　03:57:44:720 非电量Ⅰ跳闸动作。

实际现场 1 号主变压器非电量保护有动作，但这条信号因为时间完全错乱，无法确认是否为此次故障的动作信号，而且据现场用户变电站高压配电值班人员反映，1 号主变压器 35kV 侧开关未动作。

根据现场传动试验，1 号主变压器非电量动作能跳 35kV 侧开关，但装置内是收不到非电量信号的，所以本条信号应该为无效信号。

2）10kV 侧，2019-06-16　17:09:01:201 非电量Ⅰ跳闸动作，2019-06-16 17:09:02:730 非电量Ⅰ跳闸返回，测控装置上仅一条本体重瓦斯动作，无时间显示。

经现场测算，装置时间比实际时间快 30min40s 左右，即实际故障时间为 16:38:21 左右，1 号主变压器非电量动作跳主变压器两侧断路器，10kV 侧断路器跳闸后分位灯未亮，35kV 侧断路器未动作。

3）2 号电容器保护内仅有低压保护动作信号，且无具体时间（时间显示异常）。实际现场电容器保护跳闸出口连接片未投。

现场检查，故障点为 10kVⅠ段 2 号电容器间隔所带电容器组有 2 只电容器爆炸，电容器保护未动，短路电流未母线上切除造成 1 号主变压器 35kV 侧高侧 C 相绕组断线，主变压器非电量保护动作跳两侧，35kV 侧断路器未跳开，故障未切除。220kV A 站 35kV AB 线距离 I 保护范围因线路较短，按整定原则要求，保护区伸至用户变电站 1、2 号主变压器高压侧，此次故障点在距离 I 保护范围内，因此，220kV A 站 35kV AB 线距离 I 段动作，导致用户变电站全站失压。

四、用户变压器存在的问题

（1）定值存在的问题：

1）差动保护：由于变压器接线方式改变，差动退出，现场实际 35kV 侧差动速断为投入，定值 19A。

2）电流速断：据现场模拟，35kV 侧电流速断不会动作，需校验检查原因。

3）过电流保护：现场实际定值设置 1.66A，0.5s，与整定单不符。

4）过负荷：现场实际定值设定 15s，与整定单不符。

（2）电容器保护出口连接片未投，即使保护动作了也跳不了断路器，无法切除故障。电容器故障后，保护未动作，保护装置存在问题，特别是电容爆炸，不平衡电压回路是否有问题需检查。

（3）现场主变压器保护差动保护退出。根据规程规定，容量 6.3MVA 及以上厂用工作变压器，10MVA 及以上厂用备用或单独运行的变压器，2MVA 及以上电流速断保护灵敏度不符合要求的变压器需装设差动保护。用户变压器容量 5MVA，因主变压器三角/星接线方式，装置差动保护无法配置，将主变压器差动退出。根据整定单，投入的速断电流保护带 0.2s 延时，并经低电压闭锁。主变压器在此情况下，无 0s 速断保护。

（4）非电量保护动作后应该跳两侧断路器，现场 1 号主变压器 35kV 断路器未跳开，需检查保护和回路。

（5）5 月 1 日 35kV AB 线路跳闸后，用户变电站内不间断电源（UPS）损坏，拆除后新的 UPS 尚未购置。导致 6 月 16 日 35kV AB 线路第二次失压时，后台监控机因为交流失电后退出运行，造成监控系统失电，且无法记录任何信号，现场值班人员无权限查询历史数据库，无法查到历史数据。

五、启示

（1）用户变电站生物科技生产负荷全部接自 1 号主变压器，2 号主变压器为 2.5MVA，仅供 0.2MW 左右的生活用电，负荷分配不均，且 1 号主变压器和 2 号主变压器 10kV 侧完全独立，电气上没有连接，在两次 1 号主变压器故障的情况下，均不能通过 2 号主变压器转供负荷。建议内部尽早整改，提高供电可靠性。

（2）用户变压器加强保护定值管理。用户变压器定值单管理不到位，除了提供的 1 号主变压器定值单，其他 10kV 出线间隔定值单均无法提供。用户变压器要加强定值单等交接文件管理，设备更新后，及时向调控中心继保室提供新定值单备案。

（3）用户变压器现场主变压器保护差动保护因实际原因退出，主变压器保护应设置 0s 的速断保护，即时间应由 0.2s 改为 0s，并校验灵敏度是否满足要求，低电压闭锁应退出，即不经电压闭锁。

（4）用户 1 号主变压器 35kV 侧有一套 ISA－367G 保护，未投入使用（装置后线未配），建议投入使用。

（5）用户变电站加强高压配电值班人员技术培训，根据上次检修报告显示，保护出口连接片未投不是第一次发生。本次事件再次暴露出用户值班人员对设备运行不熟悉，基本概念不清楚。

（6）用户变压器加快设备更新，现场设备老化情况比较严重，用户为节约成本，开关室空调未开，温度较高。直流系统存在蓄电池老化问题，失电后带保护装置运行时间太短（据值班员反映才几个小时，且电压掉得很快）。老化的设备带来较大的运行安全隐患。建议尽快整改。

（7）用户尽快查清楚 1 号主变压器重瓦斯动作，但是 1 号主变压器 35kV 断路器未分闸原因。

第五章 人员责任事故及故障

当前，电力系统的自动化程度发展已经到了前所未有的高度，并逐步向智能化和互联网化演变。但是，自动化无法替代部分复杂的判断和处理工作，人的因素在电力系统运行中依然起到了举足轻重的作用。本章列举了几例典型的人员责任事故及故障，并给出处置思路，供读者参考。

案例1：用电客户管理不到位引起线路接地故障事故

一、故障前运行方式

如图5-1所示，110kV A变电站1号主变压器带10kV Ⅰ段母线运行，2号主变压器带10kV Ⅱ段母线运行，10kV分段断路器断开。

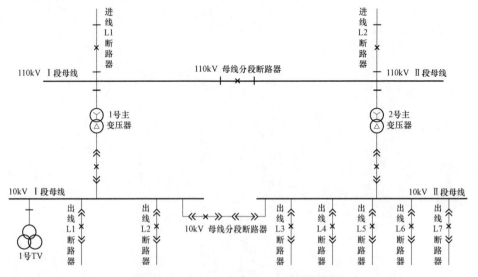

图5-1 110kV A变电站一次接线示意图

二、故障及处置经过

某日 08:05，10kV A 变电站 Ⅱ 段母线发生 A 相接地，值班员采用瞬停法依次试拉 10kV 出线 L3 线、出线 L4 线、出线 L5 线，在试拉到 L5 线后接地消失，即合上，令配电运维人员继续带电巡线。08:16 巡视人员汇报为 L5 线 10 号杆 T 接用户内部故障，值班员遥控拉开 10 号杆用户断路器，接地消失。08:18，10kV Ⅱ 段母线再次发生 A 相接地，配电运维人员确认 10kV 出线 L5 线 10 号分段断路器在分闸位置。值班员再次使用瞬停法依次试拉 10kV 出线 L3 线、出线 L4 线、出线 L5 线、出线 L6 线、出线 L7 线，在试拉到 L7 线时接地消失，08:30 配电运维人员汇报故障原因为出线 L7 线 15 号杆 T 接用户故障（实际为出线 L5 线 10 号杆用户备用电源）。隔离后试送出线 L7 正常。

三、故障原因及分析

（1）故障用户在被隔离后，切换电源至备用电源，导致 10kV Ⅱ 段母线再次接地，造成同母线配电线路多次因试拉停电。

（2）双电源用户停电后，未由用户管理单位告知用户，造成用户接地设备切换至备用电源。

四、启示

（1）此事件暴露出用户管理不到位，权责不明确，设备故障时，未明确通知用户联系人员，是本次接地故障二次发生的直接原因。

（2）接地试拉时，对于双电源用户故障，应同时隔离其两路电源。

（3）对于双电源用户应明确管辖单位，用户停电后应及时告知管辖单位，由管辖单位通知用户，做好隔离措施，避免故障点转移。

案例2：人员误操作引起带电操作接地开关事故

一、故障前运行方式

某日，用户受电工程——某小区配电工程负荷开关及专用变压器进行验收通电工作，验收过程中发现甲负荷开关进线环网柜未按照设计及使用要求，进线接地隔离开关和负荷开关未加装带电闭锁，经协商，由设备厂家人员进行消缺。故障前电网运行方式如图 5-2 所示。

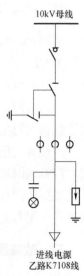

图 5-2 故障前
电网运行方式

二、故障及处置经过

人员到达现场后开始工作，厂家技术人员提出要打开进线电缆仓进行二次接线，工作负责人朱某未确认设备状态，在乙路 K7108 进线带电情况下合上接地隔离开关，由于还未加装接地闭锁装置，造成带电合接地隔离开关。

实际上该环网柜只需打开机械操作面板，在预留的安装位置就可以加装处理，无需停电安装带电闭锁装置。

三、故障原因及分析

（1）现场工作负责人朱某安全意识淡薄，操作盲目，操作用户设备无操作票，一人操作无人监护，操作前未核对设备实际状态，且调度设备上操作也未向值班调度履行汇报手续；对用户设备不熟悉，工作随意，设备消缺工作无票作业，这是发生此次事故的直接原因。

（2）设备厂家人员安排不当，到现场指导的技术人员对自己的设备不熟悉，业务能力缺乏，随意变更接线位置，这是发生此次事故的另一重要原因。

（3）用户设备验收投产把关不严，在设备存在重大缺陷的情况下，进行投产送电。

四、启示

（1）公司要以此次事故为契机，认真梳理用户工程施工、消缺、抢修、设备验收等规范流程，制定操作性强的用户工程管理细则；要抓好任务布置、人员安排等方面的层级管理，逐层布置安排，逐层汇报沟通，严禁单人操作、抢修；要加大现场稽查力度，严厉惩处无票操作、无票作业行为，杜绝类似事故再次发生。

（2）对厂家技术人员管理不到位，接线不清楚，管理不规范，造成本次故障跳闸事故。

（3）接管设备必须全部调试完成后方可送电，杜绝给未调试设备送电。

案例3：运行方式不合理引起线路过负荷故障事故

一、故障前运行方式

如图5-3所示，110kV A 变电站 10kV 出线 L1 线带 1 号分布式电源（4MW），10kV 出线 L2 线带 2 号分布式电源（6MW），110kV B 站出线 L3 线带 3 号分布式光伏（3MW），联络断路器分别为 10kV 67 号联络断路器、10kV 出线 L3 线支线 31 号联络断路器。

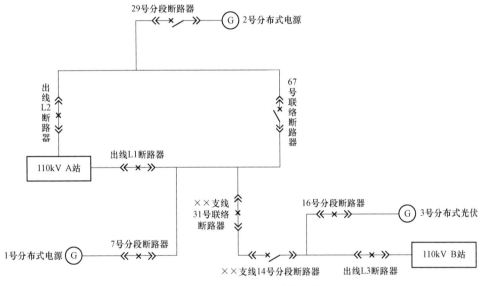

图 5-3　故障前 10kV 系统方式

二、故障及处置经过

某日，因 A 变电站 10kV L2 线断路器转检修消缺（工作时间 10:00—18:00），将 10kV 出线 L2 负荷（2MW）调 10kV 出线 L1（2.5MW）供电（电流互感器受限，最大电流 400A，7.1MW）。13:00，因短时强对流天气，分布式光伏发电降低，10kV 出线 L1 负荷 7.9MW 越限，13:03 值班人员合上 10kV 支线 14 号分段断路器，遥控拉开 10kV 支线 31 号联络断路器，将支线负荷调回 10kV 出线 L3 线供电，10kV 出线 L1 负荷 6.8MW，过负荷消除。

三、故障原因及分析

（1）10kV 配电线路接入分布式光伏，因短时雷雨天气，光伏发电量出力降低，两条线路用电负荷超过线路负载。

（2）县调操作带有分布式电源线路、双电源线路，负荷转供时考虑不周，未充分考虑电源停发、用户转供的影响。

四、启示

（1）线路负荷越限暴露出方式安排不合理，线路转供负荷时，未考虑分布式发电停发可能对电网的影响，留下安全隐患，导致本次负荷转供后线路过负荷的现象发生。

（2）对于接入用户内部网络的分布式电源线路、双电源用户，转供时应通知有关单位，确保线路负荷不会突然增加。

（3）对分布式电源并网线路进行梳理，明确发电容量，加强负荷转供分析，线路倒负荷时充分考虑各自因素，杜绝此类事故发生。

案例 4：柱上断路器操作不到位险酿带电合接地事故

一、故障前运行方式

如图 5-4 所示，A 变电站 10kV 线路 L1 运行；B 变电站 10kV 线路 L2 运行；线路 L1 和线路 L2 联络断路器及隔离开关在断开位置。

二、故障及处置经过

某日 B 变电站 10kV 线路 L2 1 号杆至 L2 断路器之间间隔 C 级检修，要求 B 站 10kV 线路 L2 间隔断路器及线路改检修。08:01 县调令线路运维人员合上线路 L1 和线路 L2 联络隔离开关及断路器（合环）；08:10 县调遥控拉开 B 变电站 10kV 线路 L2 断路器（解环）；08:30 县调令线路运维人员拉开线路 L2 1 号杆断路器及隔离开关；08:30 县调令 B 变电站运维人员将 B 变电站线路 L2 断路器及线路由热备用改检修；08:50 B 变电站运维人员向县调汇报经验电，B 变电站 L2 断路器线路侧带电。

处置经过：08:51 县调令 B 变电站运维人员暂停操作。08:53 县调令线路运维人员再次检查线路 L2 1 号杆断路器及隔离开关分合位置，发现线路 L2 1 号杆断路器及隔离开关仍然在合位。08:55 县调汇报调控领导及安监、运检介入调查。09:30 查明原因责任后，经调查组同意，县调再次要求线路运维人员拉开线路 L2 1 号杆断路器及隔离开关。10:00 县调令 B 变电站运维人员再次验电，确证无电后继续改检修操作。

三、故障原因及分析

经查，事故原因为：① 10kV 线路 L2 线路运维人员责任心不强，操作后未检查柱上断路器及隔离开关实际位置；② 10kV 线路 L2 的 1 号杆断路器及隔离开关操作由线路运维人员指挥外维人员操作，操作人员操作技能欠缺，造成柱上断路器及隔离开关实际未拉开；③ B 变电站运维人员认真执行操作步骤，履行停电、验电、挂接地线流程，及时发现 L2 断路器线路侧带电，成功避免带电合接地事故发生。

四、启示

（1）线路柱上断路器操作是调控监控盲区，应纳入配电自动化系统应用。

（2）线路柱上断路器操作人员应经培训考试合格方可上岗。

（3）条件允许，调度可以考虑将解环点放在柱上断路器处，通过线路变电站侧负荷变化来判断柱上断路器实际是否拉开。

（4）要严格执行安规，挂接地线前必须验明确无电压。

图 5-4　故障前电网运行方式

案例 5：现场运维人员操作不规范引发的母线分段跳闸事故

一、故障前运行方式

故障前天气晴朗、夏季高温，35kV A 变电站 1 号主变压器检修、2 号主变压器运行，10kV 母线分段断路器运行如图 5－5 所示。

二、故障及处置经过

某日 16:38，县调值班人员正令运维人员：① A 变电站 1 号主变压器及两侧断路器由检修改冷备用；② A 变电站 1 号主变压器由冷备用改运行（并列）。17:14 A 变电站 10kV 母分过电流Ⅱ、Ⅲ段保护动作，10kV 母线分段断路器跳闸，此时 A 变电站 1 号主变压器 10kV 断路器在合位，35kV 断路器在分位；A 变电站 10kV Ⅰ段母线失压，损失负荷 1.7MW。

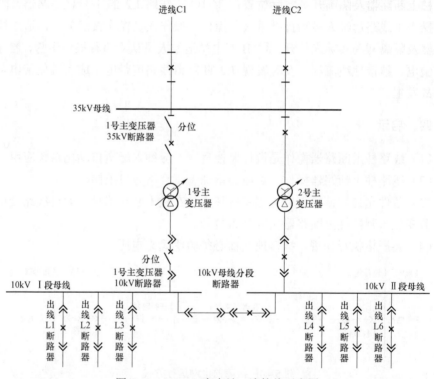

图 5－5　35kV A 变电站一次接线示意图

处置经过：17:15 县调值班人员电联现场运维人员了解 A 变电站故障情况，结合现场汇报情况及监控系统信息，判断 10kV Ⅰ段母线正常。17:16 分正令运维人员拉开 A 变电站 1 号主变压器 10kV 断路器，17:18 遥控合上 A 变电站 10kV 母线分段断路器，恢复 A 变电站 10kV Ⅰ段母线供电。

三、故障原因及分析

经查，故障原因为运维人员在操作 35kV A 变电站 1 号主变压器 35kV 断路器时，未发现断路器偷跳，在操作完成后，未检查开关状态，而在完成 A 变电站 1 号主变压器 10kV 断路器操作时，形成了由 10kV 母线充主变压器的情况，引发励磁涌流，其电流超过 10kV 母线分段断路器保护整定值，触发母分断路器跳闸。

四、启示

（1）强调倒闸操作纪律，倒闸操作时严格履行操作手续，确证操作有效完成。

（2）调控员要做好事故处理预案，采取果断措施，及时恢复供电。

案例 6：10kV 线路带地线合闸事故

一、故障前运行方式

A 变电站 L1 线路检修（专线用户）。

二、故障及处置经过

14:50：高压配电用户电话汇报调度台 L1 线高压配电柜改造工作已完成，县调当值检查停役操作票并与用户电气联系人确证用户侧进线断路器在冷备用状态。

15:43：县调下令 A 变电站 L1 线路由检修改运行操作；

15:55：A 变电站 L1 过电流Ⅱ段保护动作，断路器跳闸重合失败；县调发令将线路改检修，通知相关单位检查；

17:25：高压配电检查 L1 线路侧有接地线未拆除；

20:11：L1 线路全线检查试验合格，恢复送电。

三、故障原因及分析

检查申请工作内容：L1 线路高压配电柜改造，具体工作地点为用户高压配电室，申请书安全措施 A 变电站 L1 线路改检修（高压配电侧冷备用）；高压配电电工在未经调度同意下擅自在 L1 线路高压配电侧加挂接地线，与停复役申请书不一致，在工作结束后汇报 L1 线路高压配电侧在冷备用状态，实际 L1 线路高压配电侧接地线忘记拆除，造成带接地线合闸事故。

四、启示

本次事故暴露出的主要问题及防范措施：

（1）高压配电电工业务能力不足，未能准确掌握用户高压配电侧设备状态，在有接地线未拆除情况下错误汇报调度为设备冷备用，用户未按照调度协议要求擅自在进线侧加挂接地线。

（2）用户未经过调度许可，擅自改变设备的实际运行状态，明确违反调度规程，未及时通知调度部门，直接导致该起带接地线送电事件的发生。

（3）公司相关验收人员在对用户高压配电设备相关内容进行验收时，须增加设备投产前的状态确认栏，要求严格按照《10kV 及以上客户受电工程竣工检验项目单》的内容进行逐项验收打勾并签名确认。

（4）加强专线用户电工业务培训，经考核批准后方可作为调控电气联系人开展业务联系。

案例7：35kV 线路故障跳闸信号漏监事故

一、故障前运行方式

35kV L1 线路是 220kV A 变电站与 220kV B 变电站之间联络线，220kV A 变电站 35kV L1 线路运行，220kV B 变电站 35kV L1 线路热备用。

二、故障及处置经过

21 日 15:25：发现 220kV A 变电站 35kV L1 线路断路器热备用，断路器变位闪烁，检查 220kV B 变电站 35kV L1 线路也处于热备用。

15:25：监控检查 220kV A 变电站 11 日 8:59:53 发出的 F 信号：A 变电站全站事故总信号动作/复归，A 变电站 L1 断路器分闸（无保护动作信息），监控通知运维班到 220kV A 变电站现场检查，并通知输电运行人员检查。

19:43：输电运行人员巡线汇报 L1 线路 42 号杆绝缘子有雷击痕迹。

22:16：运维班 A 变电站现场检查汇报 L1 断路器在分位，装置运行灯正常，11 日 8:59 L1 保护启动，无故障动作电流，无保护出口跳闸信息，无其他异常或动作信息，同时 11 日 8:59 L1 保护测控装置发生重启。

三、故障原因及分析

11 日 8:59，L1 线 42 号杆绝缘子遭雷击引起 A 变电站 L1 线路保护启动跳闸。因同时 A 变电站 L1 保护测控装置发生重启，没有记录到保护动作信息及保护出口信息，实际保护已出口致 A 变电站 L1 断路器分闸；因 11 日 8:59 有 10 多条线路遭雷击跳闸监控信号刷屏，监控员没有第一时间发现 A 变电站 L1 断路器异常分闸信息，造成信号漏监，直到 21 日 15:25 发现，期间监控巡视均未发现该异常信息。

四、启示

本次事故暴露出的主要问题及防范措施：

（1）监控员巡视不到位，线路故障跳闸当天没有开展告警信息翻查，遗漏重要信息；事后监控员巡视没有核对线路运行方式开展，对电网接线方式不熟悉造成漏监。

（2）A 变电站 L1 保护测控装置存在缺陷，线路故障跳闸，同时发生电源重启，导致线路故障跳闸信息不全，监控员对信息遗漏（误判）。

（3）加强监控员操作规范化培训及相关监控业务能力提升培训。

（4）对保护测控装置发生重启现象，开展保护装置检修改造。

案例 8：漏合隔离开关造成主线停电事故

一、故障前运行方式

故障前天晴，35kV A 变电站 10kV L1、L2 出线运行，联络 K1 断路器冷备用。县调计划操作将 L1 出线断路器停役。故障前 L1、L2 线运行方式如图 5-6 所示。

二、故障及处置经过

某日 15:30 值班调控员下令操作人员：合上 K1 隔离开关及断路器（合环，合环前 $U_1=10.3\text{kV}$，$I_1=123.56\text{A}$，$P_1=2.13\text{MW}$；$U_2=10.27\text{kV}$，$I_2=40.48\text{A}$，$P_2=0.74\text{MW}$，合环后 $U_1=10.29\text{kV}$，$I_1=137.83\text{A}$，$P_1=2.34\text{MW}$；$U_2=10.28\text{kV}$，$I_2=36.85\text{A}$，$P_2=0.68\text{MW}$），15:34 操作完毕。15:52 值班调控员下令操作人员：拉开 L1 线路 1 号断路器及隔离开关（解环），15:55 毕。15:58 分管领导询问 L1 线

停电原因，经值班调控员通过配电自动化四驱主站系统研判后发现 L1 线至 K1 断路器之间线路停电，调控员判断停电原因可能是 K1 断路器未合闸到位。16:03 值班调控员下令操作人员：合上 L1 线 1 号隔离开关及断路器，16:06 操作完毕。L1 线恢复送电。

图 5-6　故障前 L1、L2 线运行方式

三、故障原因及分析

K1 断路器两侧均有隔离开关，检查发现 K1 断路器大号侧的隔离开关未合上，造成线路停电。

四、启示

（1）K1 断路器和隔离开关是分体式的结构，此类型的断路器与隔离开关之间没有机械闭锁功能，造成大号侧隔离开关分位情况下，K1 断路器也能合闸的误操作。因断路器和隔离开关之间没有机械闭锁，操作人员还可能发生带负荷拉（或合）隔离开关的恶性误操作，建议更换 K1 断路器。

（2）调控员考虑两条线路均出于 A 站 10kV 母线（并列运行），且 L1 线负荷大、线路短，L2 线线路长、负荷小，潮流变化不大在合理范围内，没有要求现场运维人员再次核查 K1 断路器和隔离开关状态，错失发现大号侧隔离开关未合闸到位的最后一个机会。

案例 9：操作过程中电容器误投引起带负荷拉
隔离开关事故

一、故障前运行方式

220kV A 变电站进行 35kV 3 号电容器 309 断路器更换、试验、调试工作，35kV

1 号站用变压器、35kV 3 号电容器 309 断路器停电。其中，35kV 1 号站用变压器因安全距离不足配合停电。

二、故障及处置经过

6 月 14 日 6:58 依据检修计划，值班调度员指令运维人员将站用电由 35kV 1 号站用变压器倒至 35kV 2 号站用变压器供电，35kV 1 号站用变压器、35kV 3 号电容器 309 断路器停电，进行 35kV 3 号电容器 309 断路器更换、试验、调试，35kV 1 号站用变压器因安全距离不足配合停电。

7:10 运维人员现场将 35kV 3 号电容器 309 断路器由合到分。

7:12 监控值班员发现 220kV A 变电站 35kV 母线电压偏低，进行人工干预，遥控合上 35kV 3 号电容器 309 断路器。

7:15 220kV A 变电站 1 号主变压器比率差动保护动作三侧断路器跳闸，35kV Ⅱ 段母线失电，35kV 3 号电容器 309 断路器过电流 Ⅰ 段跳闸。220kV A 变电站 2 号主变压器过负荷，调度紧急转移负荷 30MW。

三、故障原因及分析

现场将 3 号电容器 309 断路器由合到分时，监控值班员误认为是 AVC 系统自动切除电容器，未认真检查切除的原因，随即遥控投入了 3 号电容器 309 断路器，造成现场带负荷拉 3 号电容器隔离开关，电容器保护未正确动作，引发越级跳 1 号主变压器。

四、启示

（1）电网无功电压调整遥控操作制度不健全，未建立值班监控人员与调度人员的汇报机制。

（2）调控专业管理不到位，《调度监控运行管理规定》没有得到贯彻执行。

（3）部分监控值班员电网运行知识掌握不够，缺乏电网运行整体概念。